Aurillac
le 20 septembre 1980
Bayney

INQUIETUDES D'UN BIOLOGISTE

Né à Paris en 1894, homme de science, Jean Rostand est le fils du poète et auteur dramatique Edmond Rostand et de la poétesse Rosemonde Gérard, le frère cadet du poète et romancier Maurice Rostand.
S'il se passionne pour la biologie et se spécialise en génétique, il se montre cependant constamment préoccupé de questions philosophiques. Les premiers textes qu'il publie sont des essais sur des thèmes de sociologie et de morale (La Loi des riches, Ignace ou l'Ecrivain, Journal d'un caractère, *etc.).*
Son œuvre comprend des livres purement scientifiques aussi bien que des ouvrages de vulgarisation ou des essais et des réflexions. Citons entre autres : La Parthénogenèse des vertébrés, *une biographie de* Darwin, La Génétique des batraciens, La Vie des crapauds, La Vie des libellules, Peut-on modifier l'homme ? Hommes de vérité, Les Grands Courants de la biologie, Biologie et humanisme, *etc.*
Jean Rostand a été élu à l'Académie française en 1959.

« Science sans conscience », on nous l'a assez répété dans les écoles, est promesse de ruine, mais qu'apporte à l'homme la science même consciencieuse ? Comment savoir s'il vaut mieux agir que s'abstenir ou vice-versa ? Une découverte aujourd'hui jugée insignifiante sera révolutionnaire demain. Une erreur ouvre des voies de recherche nouvelles, conduit à des remèdes souverains alors que d'autres remèdes en apparence anodins déclenchent des drames inattendus comme celui de la thalidomide.
Renonçons-nous pour autant à ce qui donnera des résultats prévisibles, connus d'avance, aux essais nucléaires par exemple avec leur cortège de conséquences sur notre patrimoine génétique ? La race humaine risque d'en périr — à moins qu'elle ne périsse pour une autre cause.
Car nos connaissances sont fragmentaires, dispersées, minimes en regard de ce que contient le cosmos, peut-être même faudrait-il dire sans valeur absolue. Le doute et sa compagne l'angoisse, voilà la moisson qu'une vie d'étude apporte à Jean Rostand. Il a rassemblé dans *Inquiétudes d'un biologiste* ses réflexions d'un esprit lucide — leçon d'un homme de science que chacun de nous aura profit à méditer, car ce petit livre très dense, suite des célèbres *Pensées d'un biologiste,* constitue aussi, de nos jours, un avertissement.

ŒUVRES DE JEAN ROSTAND

Dans Le Livre de Poche :

CARNET D'UN BIOLOGISTE.

JEAN ROSTAND
DE L'ACADÉMIE FRANÇAISE

Inquiétudes d'un biologiste

STOCK

1

L'UNE des plus sûres leçons de la biologie est de nous montrer à la fois l'unité des grands phénomènes de la vie et l'extrême variété de leurs manifestations. Si les grands thèmes de sexualité, de croissance, d'hérédité, se retrouvent partout, et fondamentalement les mêmes, dans le monde organisé, si en tout être vivant l'on retrouve des cellules, des chromosomes, des gènes, des acides nucléiques, quelle n'est, en revanche, la déconcertante richesse des variations brodées par la nature ! Telle propriété vitale, qui se montre identique en deux espèces éloignées, se révélera dissemblable en deux espèces toutes proches. Quoique voisins de groupe, ces deux animaux vont réagir différemment à l'action de telle hormone, ils se distingueront par le mode de fécondation, par le type de détermination du sexe, par le style du développement embryonnaire; chez l'un, la parthénogenèse artificielle s'obtiendra sans difficulté, chez l'autre elle sera irréalisable, du moins avec les agents dont on dispose ; chez l'un, le patrimoine héréditaire est sujet à des variations relativement fréquentes, chez l'autre il est extraordinairement stable.

Si le biologiste est partout en pays de connaissance, partout il doit s'attendre à l'émergence de l'inconnu.

L'étude des phénomènes de la vie répond à une curiosité qui, en certains esprits, peut aller jusqu'à la passion la plus vive, mais qui est le privilège d'un petit nombre. Pour les autres, il sied de justifier par le souci de l'utile les efforts prodigués par les chercheurs. Aussi doit-on rappeler sans cesse quelle est, pour tout fait nouveau, si menu soit-il, si apparemment éloigné de tout champ d'application, la chance d'un fructueux avenir. Une lueur sur le cancer humain peut jaillir d'un laboratoire où l'on ne songe ni au cancer ni à l'homme.

Alors même que le biologiste s'évertue sur un point de détail, et qu'il a lui-même peut-être le sentiment de n'œuvrer que dans l'accessoire, jamais il ne déserte l'essentiel.

C'est une chance pour l'esprit que les notions fondamentales de la biologie soient communicables à tous, sans qu'on ait à les déformer par excès de simplification.

Bientôt la science de la vie sera le seul lien entre l'homme de laboratoire et l'homme de la rue.

Au point de maturité où en est venue la biologie, la philosophie y tient une place plus modeste qu'on ne le croit d'ordinaire. Quelles que soient les tendances métaphysiques de ceux qui s'y adonnent, tous ils s'accordent à penser que l'unique méthode valable pour l'investigateur est de faire comme si les phénomènes de vie se devaient ramener, en fin de compte, aux phénomènes, plus simples, de la physico-chimie. En un mot, nul ne conteste que l'attitude « mécaniste » ne soit, sur le plan de la recherche, seule féconde et propre à nous faire avancer dans l'intelligence des causes et la domination des effets. Aussi bien, on peut, en 1967, lire un mémoire écrit par un biologiste sans que l'on soupçonne rien de ses croyances ou de ses incroyances, sans même que l'on songe à s'interroger sur elles. Chez tous, mêmes curiosités, même exigence de démonstration et de rigueur, mêmes démarches dans l'interprétation des résultats expérimentaux, même hardiesse dans l'ambition de maîtriser la chose vivante.

Il n'est plus guère, à notre époque, que certains biologistes de formation marxiste qui laissent apercevoir, dans la conduite de leurs travaux comme dans l'énoncé de leurs conclusions, l'idée préconçue et la tendance doctrinale. Cette ingérence de l'idéologie dans la science est allée jusqu'à faire dire qu'il existe une génétique bourgeoise et une génétique prolétarienne. Le moins qu'on en puisse penser est qu'elle n'a pas eu, jusqu'ici, de suites profitables : l'histoire du délire mitchourinien n'est pas fait pour nous séduire à la « politisation » de la science.

Racisme et mitchourinisme.

On a justement raillé le gouverneur Faubus pour avoir, dans les hôpitaux de Little Rock, prescrit la séparation des plasmas de Noir et de Blanc, destinés aux transfusions sanguines. Il est assez curieux de noter que cette absurde précaution serait légitime si la biologie mitchourinienne était dans le vrai : celle-ci ne prétend-elle pas, en effet, qu'une simple injection de sang étranger peut suffire à altérer le patrimoine héréditaire d'un individu?

Nous commençons à être un peu blasés sur les prouesses de la biologie, car nous savons désormais que, dans tous les domaines de l'activité vitale ou même psychique, les pouvoirs de l'homme trouveront à s'exercer. On agira sur la personnalité, sur l'hérédité, sur le sentiment, sur la mémoire (ne parle-t-on pas déjà d'inoculer des souvenirs ?). Rien de tout cela ne saurait plus nous étonner ou nous émouvoir. A peine a-t-on compris que tout est devenu possible, c'est déjà comme si tout se trouvait réalisé... Aussi peut-on dire que la biologie a maintenant perdu en intérêt spéculatif, au profit de sa valeur pragmatique.

Etant admis que nous pourrons

tout, qu'allons-nous faire de cette omnipotence ?

« Une fleur est un être entièrement poétique » (Novalis).

Le premier qui mit une fleur dans un vase a fait de la culture d'organes *in vitro.*

La joie de connaître est surtout celle d'entrer en contact avec un nouvel inconnu.

Une vérité, toute saignante encore de mystère...

Qui affirme qu'on fabriquera la vie

ne court nul risque d'être démenti, il peut toujours en appeler à l'avenir. De plus, une telle confiance anime la recherche : en s'efforçant de refaire la vie, on trouvera bien d'autres choses.

Cela dit, je ne suis nullement certain qu'on refera la vie.

Fabrication artificielle de la vie.

L'expérience est d'avance faussée puisque, dans la soupe chimique, on aura déposé cet ingrédient, l'esprit.

Qu'on puisse faire naître une grenouille en substituant aux chromosomes d'un œuf ceux d'une cellule d'intestin de têtard, voilà une expérience qui ravit le biologiste, parce qu'elle introduit dans le monde un nouveau style de génération. Mais il n'a garde de souhaiter qu'on étende jusqu'à notre espèce l'usage d'un pareil procédé. Il lui suffit de penser que ce qui réussit chez la grenouille pourrait réussir aussi bien chez l'homme.

Encore que les gènes ne reçoivent aucune influence directe du milieu extérieur, les généticiens savent que toute circonstance du milieu social peut retentir, indirectement, sur la composition du patrimoine héréditaire humain en réduisant ou en accroissant, pour tels ou tels gènes, les chances de survie et de propagation.

Il n'est pas jusqu'à la renommée de Brigitte Bardot qui ne puisse avoir sa répercussion génétique, dans la mesure où s'en trouveraient avantagés, dans la compétition sexuelle, les gènes le plus aptes à produire un visage rappelant celui de la vedette.

L'image répandue par l'écran tend à s'incarner dans l'espèce, qui, légèrement, se « bardotise ».

« Puisqu'en ne donnant pas l'être à ce rien, je le mets dans un état pire que la mort, je suis plus coupable de ne le pas produire que de le tuer » (*Histoire comique des Etats et Empires de la Lune et du Soleil*).

Cyrano de Bergerac n'eût pas donné son assentiment à la limitation des naissances.

J'ai connu un homme qui souhaitait que la biologie réalisât la « grossesse en bocal », parce qu'ainsi l'enfant se formerait en terrain neutre. J'en ai connu un autre qui, voulant à tout prix devenir femme, comptait sur la Ligue des Droits de l'Homme pour soutenir sa revendication.

Etre, procréer, mourir... Ces trois verbes n'ont plus tout à fait le même contenu depuis les derniers progrès de la biologie.

« La biologie et la médecine modifient le visage historique de l'homme », écrit le philosophe Gusdorf. Et, de son côté, Etienne Borne : « Comment nier que la biologie ait une puissante incidence sur notre philosophie et notre culture, puisqu'elle nous fait changer d'humanisme. »

Ce qui est sûr, c'est qu'elle est en train d'altérer l'image que l'homme a de soi; elle fait éclater les notions traditionnelles de filiation, d'individualité, de sexe, voire de vie et de mort [1]. Le « vivre » naturel apparaît désormais comme un cas particulier d'entre les « vivre » possibles, tout comme la

1. Voir Jean Rostand. *Humanisme et Biologie,* Gallimard, 1964.

géométrie euclidienne parmi d'autres géométries.

Bon gré mal gré, du fait de la biologie, nous accédons à un autre monde — et qui ne sera sans doute ni le meilleur ni le pire. L'aspect le plus troublant de ce proche futur est assurément celui qui touche à la modification intentionnelle de l'homme par l'homme, soit qu'on utilise les méthodes de sélection eugénique, soit qu'on agisse directement sur les acides nucléiques, déterminateurs de l'hérédité. Et nous ne songeons pas ici au parti que pourraient tirer, de pareils pouvoirs, tels ou tels dictateurs inhumains, ni même aux légèretés expérimentales qui justifient la déclaration pessimiste d'Etienne Wolff (« Il est permis d'espérer un peu, de craindre beaucoup »); nous pensons simplement à ce qu'il y a d'assez déconcertant pour l'esprit dans cette étrange industrie « anthropotechnique » où se confondent le fabricant et le fabriqué.

Elle n'est peut-être pas pour demain, mais elle viendra, inutile de chicaner sur les délais. Il y a un sens de la biologie comme il y a un sens de l'histoire. L'être humain ne peut qu'il n'en vienne, tôt ou tard, à se regarder comme un simple matériau natif, dont il s'appliquera à tirer le meilleur parti, comme aujourd'hui il s'applique à améliorer la qualité d'un acier ou d'un caoutchouc.

Jusqu'en ces dernières années, le projet d'appliquer à notre espèce les méthodes de sélection artificielle, si fructueuses entre les mains de l'éleveur, ne soulevait guère que des difficultés d'ordre psychologique, social ou moral. On les repoussait comme dégradantes, déshumanisantes, contraires à la dignité de l'être pensant; on en dénonçait « l'esprit vétérinaire », qui réduisait l'humanité au niveau d'un cheptel plus ou moins productif... Mais voici que maintenant certains biologistes, et non des moins autorisés, se mettent à contester, au nom même de la science, la légitimité de la prétention eugéniste. Non seulement ils font valoir que nous n'en savons pas assez sur l'hérédité humaine pour nous permettre de toucher au « pool » génétique de l'espèce, mais encore ils objectent au principe même d'une sélection visant à éliminer le « mauvais » pour concentrer le « bon » : le « mauvais » d'aujourd'hui — arguent-ils — pourrait devenir le « bon » de demain, et dès aujourd'hui, du reste, il peut n'être pas sans prix; l'essentiel est de sauvegarder une richesse, une pluralité génétique qui fut amenée jusqu'à nous par le jeu de la sélection naturelle.

Il y a certes un peu de vrai dans cette sorte d'objections; néanmoins je ne pense pas qu'elles nous doivent dissuader de toute entreprise eugénique. Elles rappellent un peu trop celles qu'on faisait jadis aux interventions médicales ou chirurgicales, accusées d'attenter à l'équilibre naturel de l'organisme. Ne touchez pas à l'œuvre de Dieu, disait-on, et disent encore certains « naturistes ». Ne touchez pas à l'œuvre de la sélection naturelle, disent aujourd'hui quelques hommes de science.

Attendre d'en savoir assez pour agir en toute lumière, c'est se condamner à l'inaction.

Les progrès de la science ont souvent conduit à substituer l'artifice à la nature, et par là ils se sont heurtés à ce que le philosophe Lenoble appelait « le tabou du naturel ».

Quand Réaumur, au XVIIIe siècle, utilise les fours de boulanger pour faire incuber des œufs de poule, à quel assaut de critiques ne doit-il faire face ?

Ces « poulets artificiels », ces volatiles « nés par des voies différentes de l'ordinaire », seront estropiés, malformés, contrefaits; jamais ils ne deviendront aussi grands, aussi beaux, aussi charnus, que les poulets nés sous la poule; ils ne se laisseront pas engraisser, ils seront sujets aux maladies, incapables de reproduire leur espèce, la qualité de leur chair laissera à désirer, leurs œufs — s'ils en produisent — auront un mauvais goût, etc.

De même on protesta, plus tard, contre l'insémination artificielle, contre l'allaitement artificiel... Et il faut bien convenir que, jusqu'ici, les promoteurs de l'artifice ont eu, dans l'ensemble, gain de cause. Mais il ne s'ensuit pas que le tabou du naturel puisse être enfreint sans précaution et ménagement. La complexité des faits de nature est parfois plus grande qu'il n'y paraît à la lumière de nos analyses imparfaites.

Quand Gabriel Marcel doute « qu'il dépende de nous d'assurer, par une certaine technique, une espèce de rendement maximum » pour l'homme, il méconnaît l'ampleur et la sûreté des pouvoirs que nous conférera la biologie. Celle-ci sera certainement capable, un jour ou l'autre, d'élever le rendement, physique et moral, de notre espèce en lui faisant atteindre ou approcher certains objectifs fixés à l'avance; en bref, elle saura faire mieux que l'homme d'aujourd'hui. Mais, ce « mieux » artificiel, comment l'accueillerons-nous ? Nous ferons-nous sans répugnance à l'idée de ces humains façonnés sur mesure, conformes à un prototype idéal, de ces humains d'avance « programmés » pour le service de la société, voire pour leur propre bonheur — de ces êtres qui, conçus par l'esprit avant de l'être dans la chair, auront, en quelque sorte, *été* avant d'*exister* ?

Montesquieu disait qu'il n'admirait pas la voix des castrats, parce que, s'ils chantent bien, c'est qu'ils ont été « faits pour cela ».

De par les soins de la biologie, il y aura de plus en plus de gens qui auront été « faits pour cela ».

Le même disait aussi : « Ce qui me choque de la géométrie, c'est que c'est une affaire de famille et que les géomètres viennent de père en fils. »

Montesquieu n'eût évidemment point souscrit au dessein d'une sélection eugénique, exploitant les pouvoirs de l'hérédité pour fabriquer le grand homme en série.

Selon Jean Guitton, la biologie, en nous rendant maîtres et possesseurs de la vie, menace les sentiments les plus vifs et les plus consubstantiels, filiation, paternité, fidélité, et « avec eux, ce que les anciens philosophes ont appelé la nature, et ceux de notre époque l'existence... Le sens de l'être et de la nature est en péril ».

De son côté, Guy Durandin estime qu'en acquérant le pouvoir de se modifier lui-même, et notamment de commander à la personnalité de ses descendants, l'homme ruinera les fondements mêmes de la nature humaine et ainsi tombera en pleine absurdité, car s'il n'y a plus de nature, il n'y a plus de possibilité de désir, plus de bien ni de mal, plus de destinée...

On peut dire sans doute, et l'on a dit : voilà des alarmes de philosophe. Et, de fait, les gens de science se montrent d'ordinaire moins tourmentés : ils tiennent que l'homme s'adaptera à ces nouveaux pouvoirs, dont il ferait, en tous domaines, son profit : après tout, la « nature » est-elle autre chose qu'une « ancienne coutume »? (Pascal)

J'avoue que, pour ma part, si persuadé que je sois qu'on se dirige vers un tel futur, et tout en acceptant avec une large part de moi-même l'entreprise qui doit élever notre espèce, je ne puis me défendre d'un peu de malaise en voyant s'esquisser ce monde gouverné par la biologie et la chimie, où le meilleur de l'homme sera voulu, prévu, calculé, où le talent, le don, la charité, la vertu seront obtenus à volonté par des artifices techniques.

A force de gagner tant de puissance sur les corps, sur les germes, sur les cerveaux, ne va-t-on pas finir par ôter à l'existence un peu de sa gravité ?

Etat d'apesanteur morale. Craignons la nausée de l'omnipotence. La science annule ce qu'elle sait reproduire. Peut-être ne sommes-nous riches que de nos impuissances provisoires.

L'essentiel de l'homme est peut-être plus fragile qu'on ne le croit.

Toute possession dépossède : on perd le respect.

De toute manière, les projets de la biologie sur l'homme ne sauraient contenter toutes les tendances de l'affectivité : on ne gagne pas sur tous les tableaux.

Dans la mesure où nos techniques permettront d'améliorer les qualités physiques et morales de l'homme, elles tendront à uniformiser le troupeau humain ; allant à l'encontre de la notion de personne unique et irremplaçable, elles risqueront d'offenser un certain narcissisme profond.

Ayant naguère livré à une assemblée de psychanalystes ces « inquiétudes d'un biologiste », je leur demandai de me dire, très franchement, comment ils les jugeaient et s'ils n'y voyaient pas quelque symptôme caractériel, voire névrotique.

Ils n'ont pas su — ou pas voulu — me répondre.

Ceux-là d'entre nous que déconcerte le développement de leur discipline, ne sont-ils pas des sortes de « chimères » spirituelles, qui, tout en ayant le cerveau rationnel, gardent le cœur assez religieux pour qu'un protoplasme humain leur reste chose sacrée ?

Il est à remarquer que certains biologistes croyants n'éprouvent guère de malaise à voir l'homme tomber à la merci de ses techniques. Pour eux, l'âme est hors d'atteinte. Il est plus grave de toucher à l'homme s'il n'est que chair.

Quant à Teilhard de Chardin, s'il proclame que, « dût-on en frémir, c'est éminemment sur ce terrain de la modification de l'homme par l'homme qu'il nous faut tout essayer, jusqu'au bout », n'est-ce pas là une position naturelle à un esprit qui voit dans la science une opération divine et pour qui, en somme, le sens de la biologie se confond avec le sens d'une évolution conduite par le Créateur ?

Démoralisant, de moraliser l'homme par la chimie ?... Mais pourquoi s'abstiendrait-on de corriger, par la chimie concertée du laboratoire, la chimie involontaire de la nature ? Et, de toute façon, c'est la chimie qui aura le dernier mot : si nous récalcitrons à la chimie, on saura bien, pour nous mettre à la raison, user de la chimie.

« N'avons-nous pas à parler de choses plus graves, des modifications des sentiments humains ? »

Baudelaire avait prévu la psychochimie.

Demain, on commandera aux pensées, aux sentiments, on abolira la fatigue, la douleur, le chagrin... Tout dédramatisé, quel drame !... Plus rien à aimer, à respecter, à souffrir. On ne pourra plus que pouvoir : quelle misère !

Surhomme par la chimie.

Lorsque, en toutes les officines, on trouvera de quoi se surpasser, pourquoi ambitionnerait-on d'aller plus haut que soi ?

Le Père Riquet disait à un biologiste : « Vous n'aurez permission de travailler au surhomme que lorsque vous aurez réussi à faire un homme à partir d'un singe. »

C'était se montrer encore trop conciliant, car, pour humaniser le singe, nous avons le modèle.

Le bon usage des pouvoirs de la biologie ?

Pour certains d'entre eux, c'est déjà trop, peut-être, qu'ils existent.

Nous allons apprendre à changer l'homme avant de savoir ce que c'est que l'homme.

N'étant d'accord sur rien de ce qu'on doit faire ou penser, comment le serions-nous sur ce qu'on doit faire de nous-même ?

Pour nombre d'inventions biologiques, l'application à l'homme se fera sans problèmes... Mais la parthénogenèse, le bouturage chromosomique, la grossesse en bocal, la conservation de la semence en vue d'inséminations posthumes, la modification des acides nucléiques déterminateurs de l'hérédité ? Il y a là un vaste domaine où le consentement comme le refus dépend des conceptions sociales, morales, religieuses, de chacun, et aussi, peut-être, de sa sensibilité personnelle.

Telle personne accepterait qu'on modifiât les acides nucléiques, et réprouve la génération sans père; telle autre fait objection à la grossesse en bocal, et n'en fait point à la paternité différée.

Il ne serait pas impossible que, dans le futur, le plaisir d'être cédât au plaisir de faire.

Comment faire pour que notre monde, qui fatalement s'achemine vers un « meilleur des mondes », ne devienne pas tout à fait le « meilleur des mondes » ?

2

CERTAINS biologistes prévoient qu'on pourrait, dans le futur, prolonger la vie humaine jusqu'à cent cinquante, deux cents ans. Pourquoi ces précisions limitatives, quand nous n'avons pas la moindre notion des causes qui déterminent le vieillissement ? Une ignorance aussi parfaite laisse le champ libre à tous les espoirs.

De l'organisme le plus usé, le plus décrépit, on tirerait des lignées de cellules encore bien vivaces, et aptes à se reproduire indéfiniment pourvu qu'elles fussent mises en culture. A quelque âge que frappe la mort, c'est en pleine vie, en plein foisonnement cellulaire; elle assassine tout un peuple d'éléments qui ne demandaient qu'à poursuivre.

« Dire qu'un homme est mort — affirmait le physiologiste Albert Dastre —, ce n'est qu'un pronostic. » Or, ce pronostic, comme tout autre, se modifie avec les progrès de la médecine.

Un cadavre n'est qu'un incurable provisoire.

Si imposant que soit le nombre des cellules corticales de notre cerveau — une dizaine de milliards —, il nous incite à une humilité foncière. Quoi que nous pensions sur tel ou tel sujet, nous devons admettre que nous penserions peut-être un peu différemment si notre cortex était mieux fourni en cellules.

Pyrrhonisme fondé sur la cytologie.

L'étude approfondie des caryotypes humains va bientôt nous fournir des précisions sur la différenciation chromosomique, voire biochimique, des races humaines. Demain, peut-être, verrons-nous surgir un nouveau racisme, qui prétendra lire la primauté raciale dans la longueur de tel chromosome ou dans l'ordre de séquence des bases qui forment tel acide nucléique.

Il m'a toujours paru regrettable qu'on laissât disparaître des hommes exceptionnels, comme Einstein, sans avoir prélevé sur eux de quoi donner le départ à une culture de tissus. Nous pourrions avoir, aujourd'hui encore, en flacons, de vivantes cellules du créateur de la relativité ; nous pourrions les voir se mouvoir, se diviser, en scruter le caryotype.

Quelle affaire si jamais on découvrait que le génie se lit dans la garniture chromosomique ! On imagine les conséquences d'une telle révélation : examen systématique des caryotypes chez le jeune enfant, afin de donner un traitement de faveur au « génie » en puissance ; confirmation — ou infirmation —, par le micro-diagnostic, des verdicts de l'opinion...

Devant les étagères de la plus modeste pharmacie, on se prend à rêver : que de produits aujourd'hui inglorieux, et dont la biologie, demain, publiera les hauts faits !

Depuis Maraldi, — en 1712 — on a maintes fois soutenu que l'architecture de la ruche, et notamment la régularité des alvéoles hexagonaux, témoignait, chez l'abeille, une connaissance infuse de la géométrie.

Aujourd'hui, il n'apparaît plus nécessaire d'attribuer à cet Hyménoptère le don de la mathématique. En revanche, nous avons appris qu'il sait communiquer, par gestes symboliques et codifiés, des messages complexes.

Les émerveillements se déplacent.

Méconnaissance des grands chercheurs les uns par les autres. L'entomologiste Fabre, qui passait des années à observer la conduite d'un insecte, ne comprenait pas qu'on se donnât tant de peine pour décrire la segmentation d'un œuf d'Annélide.

Toute l'œuvre de Fabre était dirigée contre le transformisme. Cinquante ans ont passé ; et jamais le transformisme n'a paru plus certain, ni l'œuvre de Fabre plus solide.

Le botaniste Jordan découvre la stabilité des « petites espèces »; mais il passe à côté du phénomène de mutation. Pasteur, ayant démontré l'intervention des êtres vivants dans la fermentation, méconnaît l'existence du ferment soluble porté par la levure.

A qui vient de révéler une grande vérité, ne demandons pas d'apercevoir ce qui la limite.

Le succès d'une belle expérience

peut avoir pour effet d'accréditer l'erreur. Si, au dix-huitième siècle, Spallanzani avait réussi dans ses tentatives de parthénogenèse artificielle, il eût, par là, fortifié le préjugé qui attribuait à la mère l'essentiel de la fonction génératrice.

Une certaine fraîcheur de curiosité, propre à l'enfant, disparaît d'ordinaire avec l'âge. Il y a de la néoténie chez le chercheur.

Il serait, théoriquement, possible de refaire des femmes (caryotype XX) à partir des hommes (caryotype XY), mais non point des hommes à partir des femmes.

Le masculin est mêlé de féminité, le féminin est pur.

Certains, aujourd'hui encore, mesurent l'importance d'une découverte au poids de la bête sur qui elle a été faite.

Quand on a trouvé le moyen de faire pondre la grenouille hors de saison, certains biologistes ont eu l'étrange sensation qu'une allonge, tout soudain, venait d'être donnée à leur vie.

Tant qu'un problème n'est pas entièrement résolu, le chercheur qui s'y attache a le droit de s'en exagérer la beauté.

Si un chercheur annonce bruyamment sa découverte, on l'accuse d'immodestie; mais l'annonce-t-il trop discrètement, on lui reprochera, plus tard, de n'avoir pas saisi l'importance de ce qu'il a trouvé.

Recherche scientifique : la seule forme de poésie qui soit rétribuée par l'Etat.

Les bonnes œillères.

Pasteur refuse l'idée transformiste parce qu'elle favorise l'erreur expérimentale chez ceux qui contestent la notion de spécificité microbienne.

Certaines vérités doivent être mises de côté pendant que d'autres, qu'elles pourraient gêner, se consolident.

Des vérités, comme des femmes.

On ne se passionnerait pas pour beaucoup d'entre elles, si l'on pouvait prévoir ce qu'elles deviendront avec le temps.

X... n'eût pas combattu si vaillamment cette petite erreur s'il n'avait, à travers elle, entrevu la grande vérité dont il ne voulait point.

A force de raconter l'histoire de la vie comme si nous y avions assisté, nous finissons par trouver toutes naturelles ces fantastiques métamorphoses du monde vivant qu'implique l'hypothèse du transformisme. Quant à moi, je me tiens bien persuadé que ce féerique passé a réellement précédé la sage réalité d'aujourd'hui ; mais, ce disant, je ne méconnais pas l'énormité d'une pareille croyance. Est-il bien sûr, d'ailleurs, qu'on se rende exactement compte de ce qu'on dit lorsqu'on certifie, dans le passé, l'existence d'événements dont le moindre, si nous en étions aujourd'hui témoin, nous ferait douter de notre raison ? Croyons-nous réellement, dans la sincérité profonde de notre moi, que, si nous remontions assez haut dans notre ascendance, nous y rencontrerions des poissons et des vers, — de ces bêtes qu'on mange ou qu'on écrase ?

Robert Chambers — qui, avant Darwin, avait proposé une théorie de l'évolution — portait six doigts à chaque main. Est-ce pure coïncidence si sa théorie assimile les progrès évolutifs à d'heureuses monstruosités ?

A entendre les teilhardiens, c'est Teilhard qui, le premier, aurait mis en relief le caractère progressif de l'évolution organique, la « complexification » de la matière, puis de la vie... Pour un peu, ils nous diraient que Teilhard a inventé l'idée d'évolution.

Teilhard valait mieux que le teilhardisme, et le teilhardisme vaut mieux que beaucoup de teilhardiens.

Malentendus tenant au double sens du mot « sens ».

Que l'évolution se soit effectuée dans un certain sens (dans une certaine *direction*) n'implique nullement qu'elle ait un sens (une *signification*).

Du préjugé, encore tenace aujourd'hui, de la transmissibilité des caractères acquis, on trouve une expression fort remarquable dans Sainte-Beuve, qui, à ce mode d'hérédité, n'attribuait rien de moins que sa vocation d'écrivain :

« Mon père, que je n'ai jamais vu et qui mourut (d'une esquinancie) dans les premiers mois de son mariage avant ma naissance... n'avait jamais cessé de cultiver la chose littéraire avec amour, avec prédilection. Ses livres, dont un certain nombre m'ont été transmis, sont tout couverts de notes aux marges, tout remplis de papiers intercalés, contenant des anecdotes, des références historiques remarquables, de beaux ou de touchants passages des poètes anciens ou modernes ; son Virgile, son Anacharsis en sont criblés... Homme sobre et de mœurs continentes, d'une sensibilité vive qui ne s'était jamais dispersée, il avait plus de cinquante ans lorsqu'il épousa ma mère, et il put transmettre à ses fils les traces acquises des habitudes littéraires qu'il avait contractées depuis longtemps. C'est ainsi que, dès l'enfance, j'aimais les livres, les beaux extraits des auteurs, en un mot tout ce qu'aimait mon père. Le point où lui-même était arrivé se trouva comme fixé à l'origine dans son organisme, et ç'a été mon point de départ [1]. »

Personne aujourd'hui, peut-être, n'irait jusqu'à penser qu'annoter les marges d'un Virgile suffise à modifier les acides nucléiques dont on est porteur, et, qui plus est, à les modifier de telle façon qu'ils en devinssent capables de transmettre le goût des belles lettres; mais les dires de certains lamarckiens ne sont guère, à tout prendre, moins naïfs que le petit roman conçu par Sainte-Beuve.

Quant à Herbert Spencer, il tirait de son lamarckisme un hédonisme inat-

1. *Pensées et Maximes,* rassemblées par Maurice Chapelan. 1955, p. 227.

tendu : « Des parents qui mènent une vie sombre et monotone diminuent l'aptitude de leurs enfants à profiter le mieux possible des plaisirs qui peuvent leur échoir. »

D'où, pour ce grave philosophe, le devoir de savourer les joies de l'existence, afin de disposer à l'optimisme les générations futures.

Le même Spencer disait aussi que le premier devoir d'un Etat est de fournir à ses citoyens un air non vicié. Que penserait-il de nos explosions nucléaires ?

Pluralité des mondes habités ?

Il serait étrange — dit-on parfois — que nous fussions les seuls êtres pensants de l'immense univers. Mais l'étrangeté serait-elle moindre que, dans celui-ci, à perte d'esprit, nous dussions imaginer des frères ?

Il n'y a rien de plausible dans le pensable.

Sans doute, si nous avions créé l'univers, n'y aurions-nous pas laissé tant de place vide... Mais cet argument d'économie n'est-il pas, lui aussi, entaché d'anthropomorphisme ?

Une chose est sûre pour moi, c'est que si d'autres hommes existent quelque part dans les espaces, et quel que soit le stade d'évolution où ils fussent parvenus, ils n'en savent pas plus que nous sur l'essentiel.

Le seul problème serait de savoir s'ils ont gagné le point de sagesse où l'on n'interroge plus.

3

Il y a maintes façons d'imaginer l'effacement du phénomène humain.

En premier lieu, on pourrait supposer que l'*Homo sapiens* s'éteignît par épuisement de sa vitalité interne, de sa « sève évolutive ». Mais la science ne croit plus aujourd'hui à un tel vieillissement des types organiques ; pour rendre compte de leur disparition, elle veut des causes positives et bien définies : ou bien l'espèce se trouve supplantée par quelque autre, plus robuste, plus féconde, mieux adaptée à l'ensemble des conditions de milieu, ou bien elle se montre incapable de s'accommoder d'un changement survenu dans ces conditions.

Jusqu'ici, l'homme n'avait rien à craindre des autres vivants. Dépourvu de grands moyens physiques, mais armé des pouvoirs de l'esprit, il ne redoute ni les grands fauves, ni les rats, ni le peuple vorace et prolifique des insectes, ni même les microbcs ct les virus, contre lesquels sa défense se fait sans cesse plus efficace. Mais, depuis qu'il s'élance dans les espaces, toute sa sécurité pourrait se trouver compromise : va-t-il se heurter à d'autres vies, à d'autres hommes, à des surhommes ? aura-t-il à soutenir l'assaut d'on ne sait quels agents pathogènes, capables de mettre en défaut les ressources de sa médecine ?

Quant aux événements qui pourraient lui rendre inhabitable sa planète, ils pourraient résulter de l'évolution cosmique, ou d'un bouleversement du système solaire; enfin, il n'est nullement exclu que l'homme périsse de sa propre faute, soit par la guerre atomique ou bactériologique, soit par la conséquence d'une invention technique mal contrôlée.

Il n'est guère, je crois, que Teilhard de Chardin pour professer, quant à la survie de l'humanité, un « optimisme absolu », fondé sur l'assurance philosophique que le phénomène humain ne peut aller à un dénouement qui compromettrait le destin du monde.

Si l'homme — écrit Teilhard — avait lieu de penser que rien ne dût subsister de ses créations, de ses ambitions, de ses projets et de ses rêves, il ne tarderait pas à sombrer dans le découragement et l'inertie; il déserterait une tâche qu'il jugerait duperie, il ferait grève à l'univers... Or, l'esprit se refuse à admettre pareil échec : comment le progrès de la vie eût-il abouti à faire émerger une conscience qui, à proportion qu'elle se ferait plus claire, se sentirait plus justifiée au désespoir ?

Je crois qu'en parlant de la sorte on mésestime la puissance des forces irrationnelles de l'homme. Eût-il même la certitude de l'ultime faillite, il continuerait d'obéir aux instincts générateurs de son effort. Tant qu'il respirera sur terre, il restera fidèle à sa vocation de connaissance, de construction, de fraternité. Inapte à se désavouer, il s'obstinera à s'affirmer, à inventer, à créer, à vouloir, à servir, à aimer — *à être*. Faire grève à l'univers, ce serait faire grève à lui-même.

Autre manière de disparaître pour l'homme.

Dernier-né de l'évolution organique, en est-il le terme et l'aboutissement ? Et n'est-ce pas un simple mirage anthropocentrique qui l'induit à se regarder comme l'animal suprême ?

D'assez légers changements ont suffi à tirer l'*Homo sapiens* d'un ancêtre moins doué : pourquoi, à notre tour, et par le jeu des mêmes causes qui nous ont enfanté, n'enfanterions-nous pas une bête nouvelle, un *Homo sapientior* ?

Il est des biologistes, en effet, pour augurer ce dépassement naturel, spontané, de l'humain; et l'on serait mal fondé à en nier catégoriquement la possibilité. Sans doute le monde organisé a-t-il aujourd'hui l'air d'être figé, stabilisé à jamais. Sans doute, sur notre vieille terre, n'avons-nous jamais assisté au surgissement d'une espèce vraiment neuve. Mais, après tout, que sont nos délais d'observation au regard des durées géologiques ? De quel droit affirmerait-on la fixité définitive d'un type organique dont l'apparition, il y a quelque cent mille ans, attestait encore la plasticité du protoplasme ? Et, à supposer même que la vie se fût, depuis lors, immobilisée, quelle assurance avons-nous qu'elle ne va pas, derechef, se remettre en mouvement ?

On peut encore imaginer — et avec plus de vraisemblance — que ce soit l'homme lui-même, et non pas la nature, qui provoque la venue du *sapientior*, apte à lui succéder. Ainsi, il se serait, de ses propres mains, donné un héritier, et, par cet « autogénocide », il aurait noblement témoigné qu'il préfère à soi un plus que soi.

Cyrano de Bergerac, précurseur de l'eugénique négative : il réclamait l'émasculation des hommes à nez camus.

La science trouve plus facilement des remèdes que des réponses.

Je ne vois que des gens qui comprennent les théories d'Einstein, mais qui seraient en peine d'extraire une racine carrée.

Les conditions présentes de l'enseignement laissent peu de chances à qui n'est doué ni pour la mathématique ni pour la rhétorique. Les chiffres, ou les mots. Le tableau noir, ou la page blanche. Tout le reste — c'est-à-dire le réel, le concret, le sensible, le vivant — compte-t-il donc pour si peu ?

N'aurait-on pas le droit de n'être que naturaliste ?

En écartant des études biologiques — sous prétexte qu'ils sont mauvais mathématiciens — tant de jeunes gens qui auraient le goût de s'y engager, non seulement on crée beaucoup d'insatisfaits, mais encore on prive les sciences naturelles d'un bon nombre d'esprits qui eussent pu y faire œuvre utile. On pourrait même aller jusqu'à dire, je crois, que s'il est fort souhaitable que beaucoup de biologistes aient l'esprit mathématique, en revanche, il ne serait pas mauvais que certains ne l'eussent point.

Rien de plus rare — disait Réaumur — que la faculté d'observation. Elle n'exclut certes pas l'aptitude mathématique (Réaumur, Trembley, Fabre), mais il s'en faut que celle-ci, toujours, l'accompagne (Darwin, Wallace, Nicolle).

« Le don mystérieux de voir avec les yeux » (Mallarmé).

Tant qu'on n'a pas résolu le problème du cancer, il n'y a pas assez de biologistes par le monde.

Le naturaliste se demande parfois s'il veut savoir la nature parce qu'il l'aime, ou s'il ne l'aime que parce qu'il veut la savoir.

Le terme « histoire naturelle » commence aujourd'hui à paraître suranné. On tend à lui substituer un peu partout, et même dans les programmes scolaires, celui de biologie.

Bien sûr, biologiste sonne mieux que naturaliste. Cela fait plus sérieux, plus scientifique; cela évoque le laboratoire plus que la forêt, le microscope plus que la boîte verte... Mais, pour ma part, je regretterais que tombât en désuétude ce beau titre de naturaliste qui fait songer à Réaumur, à Buffon, à Fabre.

Et puis, contrairement à ce que pensent certains, il n'est pas de différence essentielle entre histoire naturelle et biologie. Combien de grandes découvertes furent faites par de simples naturalistes, à l'ancienne mode, et qui observaient directement la nature, sans recourir à des techniques perfectionnées !

Si, dans le champ des sciences physico-chimiques, où la recherche exige un outillage coûteux et raffiné, on peut douter qu'un amateur ait chance de produire une œuvre sérieuse, il n'en va pas de même en sciences naturelles; et, de fait, nombreux sont les amateurs qui ont marqué d'une éminente contribution l'histoire de ces disciplines. L'étude des Amphibiens et des Reptiles doit beaucoup à des hommes tels qu'Arthur de l'Isle, Héron-Royer, Rollinat... Et, pour citer des noms d'un incomparable éclat, est-ce que Darwin, Mendel, Fabre ne furent pas des amateurs, ou presque ?

Les temps ont changé, dira-t-on; les méthodes d'investigation sont aujourd'hui plus exigeantes que par le passé, et les sciences naturelles elles-mêmes réclament des chercheurs professionnels, travaillant en équipe dans des laboratoires bien organisés. Je pense néanmoins qu'il y a encore place en elles pour les amateurs : s'ils ne disposent que de faibles moyens, ils possèdent l'inépuisable nature, et ils sont portés par l'amour, que rien ne remplace. J'irai même jusqu'à penser qu'il est de certaines recherches, de longue patience et d'issue hasardeuse, qui ne peuvent être menées que par des amateurs : ce ne sont pas les moins importantes.

C'est une idée assez répandue que la découverte scientifique n'est pas sans analogie avec l'invention du poète : illumination subite, rapprochement inattendu entre deux notions distantes... Mais il faut savoir que, dans les sciences expérimentales tout au moins, et dans les conditions présentes de la recherche, il est tout à fait exceptionnel qu'une découverte ait pour point de départ une idée vraiment neuve et personnelle. Tous les chercheurs, ou presque, travaillent sur un même fonds intellectuel, et la réussite de l'un ou de l'autre tient à des facteurs adventices, n'ayant rien à voir avec ce qu'on appelle communément inspiration, imagination, génie. Choix du matériel d'expériences, habileté opératoire, appareillage mieux ajusté ou plus précis, qualités du caractère, un peu plus de résolution, de soin ou de persévérance : voilà ce qui, le plus souvent, décide.

Croire au « génie » du chercheur est un préjugé malsain, qui décourage les modestes et encourage les présomptueux.

Valeur esthétique et morale des sciences naturelles.

« Une disposition de la sensibilité très favorable à la moralité et qui, tout au moins, nous y prépare : je veux parler du plaisir d'aimer une chose même indépendamment de toute considération d'utilité, et de trouver une satisfaction désintéressée dans les belles cristallisations et dans les beautés indéfinissables du règne végétal » (Kant).

D'après Lévi-Strauss, ce serait l'un des bienfaits de l'histoire naturelle que de nous faire percevoir des objets « tout à la fois comme beaux et comme vrais ».

Un chercheur doit avoir conscience du peu de ce qu'il a trouvé; mais il a droit d'estimer que ce peu est immense.

De plus en plus, je m'éloigne des grandes théories, je me méfie des vastes synthèses, pour m'attacher à l'étude de petits faits bien démontrables. Peut-être n'est-il pas d'un orgueil démesuré que de croire que j'aurai contribué à faire regarder les pattes des Amphibiens avec un peu plus d'attention.

Le biologiste passe, la grenouille reste.

Valorisation affective : je conviens qu'un fait découvert sur la grenouille me paraît beaucoup plus important qu'un fait de même grandeur concernant un autre animal.

La nature fait obstacle à certaines tentatives expérimentales qui seraient, pour nous, fructueuses. Mais aussi, par chance, elle en empêche d'autres, telles que la greffe d'un fragment de cerveau humain sur un cerveau d'animal.

La logique n'a pas souvent conduit à découvrir ce qui est; quelquefois, elle s'est employée à le démontrer impossible.

La science expliquera tout; et nous n'en serons pas plus éclairés. Elle fera de nous des dieux ahuris.

La poésie n'est pas toujours chez les poètes; la vérité, chez les savants.

La science, bien sûr, crée du fantastique, et, par ses réalisations, passe les promesses des vieilles magies; mais elle n'y parvient que par l'emploi de méthodes rationnelles, éprouvées, rassises.

Le fabuleux avenir sort d'expériences très sagement conduites.

Ce sont, parfois, de petites expériences de quatre sous qui donnent à réfléchir pour des siècles.

Il suffit qu'on me propose une explication des choses pour que je sois tenté de la repousser. Attitude de scepticisme foncier qui n'implique aucun recours au mystère. Je pense que l'esprit de l'homme est condamné à rester sur sa faim.

Les pouvoirs de la science nous

créent plus de soucis qu'ils ne nous apportent de lumière.

Beau mot que celui de chercheur, et si préférable à celui de savant ! Il exprime la saine attitude de l'esprit devant la vérité : le manque plus que l'avoir, le désir plus que la possession, l'appétit plus que la satiété.

En répandant le savoir, on fait plus qu'on ne sait.

Ne pas respecter toutes les erreurs par crainte d'offenser la vérité inconnue.

Pour frayer un sentier nouveau, il faut être capable de s'égarer.

Qui est capable de découvrir l'insoupçonné est souvent capable d'imaginer l'inexistant.

Sans le secours d'une fine technique, on ne peut trouver que de grosses vérités.

Ce qui est grave, ce n'est pas que tant de gens croient à l'astrologie, c'est qu'ils jugent de choses sérieuses avec des têtes qui croient à l'astrologie.

Pour annoncer qu'une fillette lit sans le secours des yeux, les journaux mettent de gros titres; c'est beaucoup plus discrètement que, plus tard, ils feront savoir que l'expérience était faussée.

Je n'ai jamais pensé qu'un homme fût moins intelligent parce qu'il croit à des sottises, mais non plus je n'ai trouvé la sottise moins sotte parce qu'elle est crue par des hommes intelligents.

« L'acte de la procréation est pour Hésiode le prototype de la causalité en général » (Max Scheler).

La Belle au Bois dormant : histoire d'une anabiose par l'amour.

Une hypothèse, comme une calomnie, est d'autant plus dangereuse qu'elle est plus plausible.

En certains domaines de la pensée,

on ne peut se singulariser que par l'erreur.

Toute vérité scientifique porte en elle un gène de létalité.

Depuis quelques années, les amis de la nature se sont donné pour tâche de dénoncer les incessantes agressions dont elle est l'objet. Agressions contre le sol, contre l'atmosphère, contre les eaux, contre les flores, contre les faunes... Agressions par la pollution radioactive, par les insecticides et les herbicides, par les hydrocarbures... Agressions qui, soit en réduisant le potentiel nourricier de la planète, soit en empoisonnant les aliments ou l'air respirable, soit en rompant les fragiles équilibres naturels, finiront par se retourner contre l'homme.

Et peut-être sied-il de marquer le singulier renversement d'attitude qui, désormais, se trouve imposé à notre espèce.

L'homme avait, jusqu'ici, le sentiment qu'il logeait dans une nature immense, inépuisable, hors de mesure avec lui-même. L'idée ne pouvait lui venir qu'il aurait, un jour, à ménager, à épargner cette géante, qu'il lui faudrait apprendre à n'en pas gaspiller les ressources, à ne la pas souiller en y déposant les excréments de ses techniques. Or, voilà que, maintenant, lui, si chétif, et qui se croyait si anodin, il s'avise qu'on ne peut tout se permettre envers la nature ; voilà qu'il doit s'inquiéter pour elle des suites lointaines de son action ; voilà qu'il comprend que, même dans une mer « toujours recommencée », on ne peut impunément déverser n'importe quoi...

D'où vient ce revirement ?

D'une part, de l'accroissement de la population, qui fait de l'homme un animal toujours plus « gros » et plus envahissant; d'autre part, des progrès de la civilisation technique qui étendent démesurément ses pouvoirs.

Je sais, il y a des gens qui disent, enivrés par nos petits bonds dans le « cosmos » : eh bien, quand l'homme aura épuisé le capital nourricier de sa planète, quand il aura pillé tous les magasins terrestres, quand il se sera rendu son logis inhabitable avec ses ordures radio-actives, avec ses pétroles, avec sa chimie, il émigrera sur un autre globe, qu'il mettra à sac et souillera à à son tour.

N'y comptons pas trop... En attendant que ces rêves prennent corps, conduisons-nous en bons terricoles. Respectons cette petite boule qui nous supporte. Locataires consciencieux, ne dégradons pas les lieux où nous respirons. L'humanité n'est pas une passante. Un poète a dit : naître, vivre et mourir dans la même maison... Il y a apparence que le sort de l'homme est de naître, de vivre et de mourir sur la même planète.

4

« Je tremble toujours — écrivait Rhedi à Usbek (*Lettres persanes*) — qu'on ne parvienne, à la fin, à découvrir quelque secret qui fournisse une voie plus abrégée pour faire périr les hommes, détruire les peuples et les nations entières. » Et Usbek, de répondre : « Non, si une si fatale invention venait à se découvrir, elle serait bientôt prohibée par le droit des peuples, et le consentement unanime des nations ensevelirait cette découverte. »

Hélas ! le terrible secret est maintenant découvert, et il n'est pas près d'être enseveli par le consentement des nations.

La bombe atomique : ce monstrueux produit de la copulation de la haute physique et de l'art militaire...

Les explosions nucléaires font pis que tuer ; elles préparent de la mauvaise vie ; elles mettent en circulation des gènes défectueux, qui vont proliférer indéfiniment.

Non seulement crime dans l'avenir, mais crime vivant, continué, qui s'entretient de lui-même.

Protester contre les armes atomiques, c'est tout à la fois inutile et indispensable, comme disait Jean Cocteau de la poésie.

Explosions nucléaires.

Les isotopes capitalistes et les isotopes marxistes voisinent à l'amiable dans le squelette de nos enfants.

Pour disculper les fauteurs d'explosions nucléaires, on allègue que la radio-activité qu'elles libèrent fait un moindre mal au patrimoine héréditaire humain que ne font les radiations d'usage médical. Cela est peut-être exact pour l'instant; mais ces nuisances s'additionnent, et le mal résultant des interventions nécessaires de la médecine devrait nous rendre encore plus sévères à celui qu'on y rajoute.

Certains des moyens techniques dont dispose la médecine pour guérir les hommes ou prolonger leur vie sont d'emploi si onéreux que, d'ores et déjà, il apparaît impossible d'étendre leur application à tous ceux qui en pourraient bénéficier. Comme a dit Hamburger, il faut choisir ceux qu'on laissera mourir. Et, cependant, on continue à fabriquer des armes atomiques...

L'homme est devenu trop puissant pour se permettre de jouer avec le mal. L'excès de sa force le condamne à la vertu.

Le mal qu'a fait la science à travers des hommes qui n'étaient pas de science...

Retard de l'inquiétude sur le savoir. Dès 1927, nous connaissions, par les expériences de Muller, l'effet délétère des radiations ionisantes sur le patrimoine génétique. Mais on n'a commencé de s'en inquiéter un peu sérieusement que depuis une quinzaine d'années, et sans doute aura-t-il fallu, pour alerter les esprits, l'épouvante causée par les explosions nucléaires.

Dès 1938, nous connaissions, par l'œuvre d'Ancel, les effets tératogènes que certaines substances chimiques peuvent exercer sur l'embryon. Mais il aura fallu le drame de la thalidomide pour que l'on comprenne le danger de médicamenter une femme enceinte.

Comment ne pas penser qu'il doit y avoir, en d'autres domaines, des précautions à prendre, et que l'on ne prendra que dans vingt ans?

Orgie médicamenteuse.

Qui dira combien de mutations

nocives sont journellement achetées chez le pharmacien...

Même « science avec conscience » n'a pas de quoi nous rassurer pleinement. Si elle n'est pas « ruine de l'âme », elle peut être ruine d'autre chose.

Dans la grande politique humaine qui, de plus en plus, sollicitera nos choix, ceux-ci relèveront moins de la politique proprement dite que de la biologie et de la morale : il s'agira de prononcer entre les intérêts de l'individu et ceux de l'espèce, entre la liberté des somas et la qualité des germes, entre une certaine conception de la dignité humaine et le progrès organique de l'homme, entre les égards dus à l'intégrité physique et les égards dus à l'infirmité, entre le respect de la vie et la pitié pour les vivants...

Chacun défend son territoire moral et surestime le « bien » dont il a la charge.

S'il est, pour l'humanité, certaines menaces qu'elle peut espérer de conjurer (décadence génétique, surpopulation), en revanche, on n'imagine pas qu'elle puisse se soustraire à l'implacable dilemme : croître, ou vieillir. A partir du moment — qui ne peut manquer d'arriver tôt ou tard — où elle réduirait son taux de natalité, par la « pilule » ou par tout autre moyen, le nombre des personnes âgées irait fatalement en augmentant par rapport à celui des jeunes : d'où une sénilisation — une « gérontisation » de l'espèce.

La médecine — disait un humoriste — est la seule profession qui travaille sans relâche à détruire sa raison d'être. Vérité à court terme : dans la mesure où elle contrarie l'œuvre épuratrice de la sélection naturelle, et ainsi favorise la procréation des malades, des débiles, des tarés, elle cultive le mal biologique et se recrute des clients pour demain.

La glorieuse culpabilité de la médecine.

Je suis resté fidèle à l'enfant que je fus et qui préférait les *Souvenirs entomologiques* de Fabre aux récits fantastiques de Jules Verne.

Pour moi, notre époque est beaucoup moins celle des fusées cosmiques et des prochains voyages interplanétaires que celle où l'on provoque à volonté la métamorphose d'un papillon.

Sachant que tout lui est désormais possible, l'homme pourrait s'offrir le luxe de mettre ses ambitions au repos : tels ces milliardaires qu'exempte de toutes convoitises la certitude de les pouvoir satisfaire.

C'est la tradition, depuis Bergson, de réclamer pour l'humanité un « supplément d'âme ». De vrai, elle est moins menacée par l'indigence morale que par la pluralité de ses idéaux. Si elle périt, la faute n'en sera pas à son égoïsme, mais à l'antagonisme de ses dévouements.

Il existe sûrement, quant aux aptitudes intellectuelles, une disparité originelle des individus humains. Mais, si l'on tient compte des leçons de la psychanalyse, qui fait voir comment l'expression de ces aptitudes peut être gênée par un trouble de l'affectivité, on en vient à penser que les conditions du milieu familial sont bien souvent responsables des inégalités qu'on attribuerait, de prime abord, à une disparité des acides nucléiques.

Pour ma part, j'ai vu des enfants assotis, inhibés, terrorisés, obsédés, anxieux, accablés, détériorés : je n'ai pas l'impression d'en avoir rencontré beaucoup qui fussent de véritables sots.

Lorsqu'on aura fait la part des erreurs d'éducation, des maladresses familiales, de l'iniquité sociale, la nature apparaîtra plus généreuse qu'on ne l'avait crue.

Difficiles, parfois, les choix de l'action politique pour un homme qui n'obéit pas à une consigne et ne récite pas une leçon apprise. Les grandes idées morales auxquelles nous donnons notre assentiment se trouvent en désaccord, et, dans cette bataille de scrupules, il arrive que nous hésitions à décider où nous croyons qu'est le meilleur pour l'homme. Mais s'il s'agit de réclamer une plus large distribution de l'enseignement, nous ne saurions être effleurés par le doute. Nous savons que nous ne pouvons pas nous tromper en voulant que le plus grand nombre d'humains reçoivent l'aliment de vérité qui affermit l'esprit et avive la conscience. Nous savons que nous ne pouvons pas avoir tort en n'admettant pas que l'humanité n'ait pas à son service le plus grand nombre de neurones en éveil.

Les fils d'ouvriers ne comptent que pour 5 pour 100 parmi les étudiants de nos Facultés.

Ce chiffre mesure assez bien le degré d'injustice de notre société, comme le taux d'hémoglobine mesure le degré d'une anémie.

« L'éducation — dit le biologiste Vandel — est une méthode embryologique qui, au lieu de s'exercer sur l'embryon, s'applique à l'enfant. » Or, nul n'ignore que les interventions expérimentales ont des effets d'autant plus marqués qu'elles atteignent plus précocement le sujet. D'où l'importance exceptionnelle de l'éducation *primaire.*

Ce mot de « primaire » a, dans le vocabulaire biologique, un sens majoratif et non point minoratif : les inducteurs primaires sont ceux qui, opérant dès les stades initiaux du développement, posent les assises de l'organisation future.

Comment, par un juste dosage, composer cette « gelée royale » qui doit être fournie à la larve humaine pour assurer la meilleure croissance de son esprit?

C'est toujours un gain, en pédagogie, que d'élargir le champ de l'ignorable.

De tout ce que j'ai appris dans ma jeunesse, j'ai, comme tout le monde, tout oublié ou presque... Mais l'un de mes maîtres m'a fait saisir la gravité du péché contre la logique. Un autre m'a mis en défiance contre les systèmes. Un autre, encore, m'a appris à regarder un insecte. Un autre, enfin, m'a donné l'habitude de consulter le Littré.

5

L'ANGOISSE métaphysique : ou l'apaiser avec un dieu, ou la noyer dans le plaisir, ou la guérir par des pilules...

Le front de l'homme est fait pour se cogner à des murs derrière lesquels il ne se passe rien.

Ce n'est pas pour diminuer notre angoisse que de comprendre qu'elle ne se puisse même pas énoncer en des termes avouables par l'intelligence.

Impossible de savoir si quelqu'un d'autre au monde ressent comme nous l'angoisse d'être.

Pour ma part, je n'ai jamais été pleinement satisfait de la façon dont autrui exprime la sienne.

L'homme a dans l'esprit de quoi ruiner toute tentative future d'explication.

Nous sommes bien armés pour l'ignorance.

Notre incompréhension ne peut que s'aviver en s'épurant, c'est-à-dire en éliminant les incompréhensions de surface.

L'intelligence humaine est, essentiellement, ce qui est inapte à comprendre.

L'angoisse philosophique tient de la claustrophobie : nous sommes emmurés dans l'incompréhension.

A force d'avoir trop longuement fixé l'angoisse d'être, on cesse de la percevoir : elle est comme perdue, et pour la retrouver, il faudra attendre une certaine régénération de la sensibilité, — comme celle du pourpre rétinien après qu'il a été détruit par la lumière.

L'âcre soulagement de retrouver intacte son angoisse...

J'ai rencontré aujourd'hui une

bonne angoisse toute pure, non barbouillée encore de philosophie ou de littérature...

Ce n'est pas parce qu'on a écarté les enfantillages qu'on a avancé d'un pas vers la compréhension de l'homme.

En repoussant les naïvetés métaphysiques, on fait assurément une épargne d'erreur, mais on n'y gagne pas une vérité.

Je n'imagine pas Blaise Pascal répondant à une enquête sur l'angoisse humaine...

Le problème de Dieu ne regarde pas les religions.

Deux inacceptables : ce qui a l'air d'être, et ce qu'on y rajoute.

Le cerveau humain : cette machine à concevoir ce qu'il jugera impossible.

Ne pas ajouter à la démence du réel la niaiserie d'une explication.

Je ne connais, hélas ! que des folies qui sont en deçà de la raison.

Je comprends de moins en moins le sens du mot comprendre.

Tout ce que peut ambitionner l'homme qui pense, c'est d'échapper aux délires de convention.

Je mesurerais volontiers la profondeur d'un esprit à la détresse de son ignorance.

X... trouve ma philosophie un peu courte. Moi, je trouve la sienne un peu longue.

En savoir autant que les autres, mais en ignorer davantage.

On mendierait parfois un mot qui nous permît seulement de déplacer un peu notre angoisse.

Nos explications philosophiques ne diffèrent que par le niveau de naïveté.

Quelque folie que pense l'homme, il a bien des excuses à son délire.

Au premier mot qui sort de sa bouche, l'homme outrepasse ses droits langagiers.

L'humanité est encore assez jeune pour que certains veuillent s'en remettre à l'avenir de résoudre les grands problèmes qui la travaillent; mais quelle sera son attitude lorsque, dans mille ans, dans dix mille ans, elle devra bien convenir qu'elle n'en sait pas plus qu'au premier jour?

Je consens à ne rien exclure à condition de ne pas le nommer.

Qui s'est heurté à la difficulté de résoudre d'infimes problèmes du réel ne peut guère prendre au sérieux les belles fables des philosophes.

Certains éprouvent le besoin de s'agenouiller devant l'inconnu; d'autres préfèrent de rester debout.

Cela ne vaut pas que l'on bataille.

Orgueil que de ne pas révérer l'inexplicable?

Mais non, humilité plutôt, car c'est penser qu'il nous concerne trop peu pour appeler notre respect.

La belle ignorance terminale.

Mettre dans « j'ignore » autant de ferveur que dans « je crois ».

La matière est, avant tout, ce qui pouvait produire de la pensée.

Jeu des trois « pourquoi » à la Télévision.

La philosophie, pour nous réduire au silence, n'a même pas besoin de trois « pourquoi ».

Engagés dans une aventure que, faute de termes de comparaison, nous n'avons pas droit de qualifier, c'est déjà un progrès que de s'interdire le gémissement et de s'appliquer à penser qu'un individu normal, bien adapté au réel, doit accepter sans récriminer le sort commun.

J'essaie de donner mauvaise conscience à mon désespoir.

L'incroyant se figure volontiers que, s'il croyait, il ne songerait qu'à son Dieu ; le croyant, que, s'il ne croyait pas, il ne songerait qu'à son plaisir. L'un et l'autre sont dans l'erreur.

Je n'admets aucun dogme, et je ne comprends rien. Entre ce refus et cette ignorance, il y a place pour bien des doutes.

En tuant le hasard, on ne ressuscite pas Dieu.

La tolérance, chez l'incroyant, doit aller jusqu'à comprendre que les croyants ne puissent porter à ses convictions le même respect qu'il porte aux leurs.

Moins on croit en Dieu, plus on comprend que d'autres y croient.

A certains croyants, semble-t-il, la foi n'était pas nécessaire; à certains incroyants, elle l'eût peut-être été.

6

La grande faiblesse des régimes de liberté, c'est que chacun est libre de clamer qu'on ne l'est pas.

Même quand la vie ne nous fait pas changer d'opinions, elle fait que nous avons moins de goût à les avoir.

A durer, que de choses nous deviennent incertaines ! Du moins, qu'on s'attache davantage au peu dont on reste sûr.

Il y a aussi la démagogie pour élite : ce n'est pas la moins détestable.

Il est si facile de professer des idées généreuses que je flaire toujours, chez qui s'en prive, une insolite probité de l'esprit.

Tant qu'on entend gémir la liberté, c'est qu'on n'a pas trop à s'alarmer pour elle.

La liberté est vouée à disparaître quand elle ne suscite plus autant d'amour qu'elle ne cause de faiblesse.

Le mensonge grave est celui qu'on fait dans les domaines où l'on a droit d'être cru.

X... n'a pas de sang sur les mains, il en a sur l'esprit.

Tant qu'il y aura des dictatures, je n'aurai pas le cœur à critiquer une démocratie.

« Ce sera donc un gouvernement extrêmement violent que celui où l'on refuse à chacun le droit de dire ou d'enseigner ce qu'il pense » (Spinoza). Ne pas convenir des réussites d'un régime autoritaire sans rappeler les « extrêmes violences » qui en sont le prix.

Le fanatisme, toujours serviteur du faux.

Même au service du vrai, il serait haïssable.

Qui enrôle l'esprit n'a rien à son service.

On n'en veut jamais tant à l'adversaire que lorsqu'il se trouve en possession de faire ce qu'on eût aimé de faire soi-même.

C'est le dogme marxiste qui m'indispose. J'aspirerais à un communisme laïque.

Le communisme porte en lui trop de vérité pour ne pas triompher, il use de trop de mensonges pour qu'on se réjouisse purement de son triomphe.

C'est un puissant argument en faveur de l'idéal communiste qu'il ait pu faire consentir tant d'hommes estimables aux moyens dont il use.

Reproches croisés.

X... à Y... : Vous n'avez pas le droit de protester contre ceci, n'ayant pas protesté contre cela.

Y... à X... : Et vous, ayant protesté contre cela, avez-vous le droit de ne point protester contre ceci?

Pacifisme par humanité? Allons donc, nous sommes tous assez inhumains pour vouloir *nos* guerres...

Ceux qui loyalement veulent la paix font trop aisément le jeu de ceux qui veulent leur paix.

C'est une vilaine façon d'être pacifiste que de nier l'injustice d'une cause pour n'avoir pas à s'armer contre elle.

L'avantage de l'instabilité pour un gouvernement, c'est qu'elle ne lui laisse pas le temps de se désavouer.

Dans les concessions qu'on fait à la force, il entre, bien sûr, beaucoup de crainte, mais aussi, hélas ! beaucoup d'estime.

On doute si c'est à la violence qu'il

faut en vouloir, ou à ceux qui n'entendent que son hideux langage.

C'est faire injure à la liberté que de prendre sa défense pour des vétilles.

La faiblesse des démocraties, c'est qu'il leur faille, trop souvent, se renier pour survivre.

Plus un régime est attaché à la paix, moindre est le risque de l'accuser de vouloir la guerre.

Sur cet événement historique, on ne connaîtra un peu de vrai que lorsqu'il n'intéressera plus personne.

Rien, dans l'étude objective des races humaines, n'induit à penser que certaines d'entre elles soient inférieures à d'autres. Mais si la science, jamais, se trouvait contrainte à une telle opinion, quels ne devraient être nos égards envers ces prochains dont la nature n'eût pas fait tout à fait nos égaux?

Je suis toujours tenté de plaindre ceux qu'il est malséant de plaindre.

Ma pitié a mauvais esprit.

Il est des gens pour qui le méritoire ne serait pas d'aimer son ennemi, mais son frère.

C'est précisément parce qu'il agit comme vous vous contentez de penser qu'il ne peut pas penser tout à fait comme vous...

Je vois beaucoup de gens qui ont la maturité politique, j'en vois moins qui ont la maturité humaine.

Ce qui sauve tant d'hommes politiques, c'est que le temps, s'il apporte la preuve de leurs méfaits, amène aussi d'autres sujets d'alarme.

X... est fidèle à ses trahisons.

Ceux qui disent : « Après moi le déluge », et ceux qui, déjà, sur leurs épaules, sentent les gouttes d'eau...

C'est toujours un plaisant spectacle qu'un homme capable d'opiner à rebours de toute sa personne.

Il n'y a guère de cause dont on souhaiterait le succès si l'on voyait tout ce qui fermente dans le cœur de ses défenseurs.

A toute décision politique, on trouverait des excuses dans le passé, des raisons dans le présent, des justifications dans le futur.

Mon ami X... m'accuse d'être démagogue.

Non point, mais démophile.

On n'est pas plus communiste parce

qu'on veut la justice qu'on n'est chrétien parce qu'on croit en Dieu.

La seule chose que, parfois, je reprocherais aux pacifistes, c'est d'être plus tendres aux guerriers qu'à ceux qui leur résistent.

Qui respecte la vie n'a que des alliés occasionnels.

Sous un régime d'autorité, combien sont un peu plus serviles qu'ils ne seraient tenus de l'être !

Les martyrs des causes périmées.

Heureux encore si la cause pour laquelle ils sont morts n'est pas celle contre quoi il sied de mourir aujourd'hui...

Si paisiblement que l'on pense, on fait toujours le jeu de quelque armée.

Peine de mort.

J'aimerais mieux une société qui ne mît pas à mort un Landru et qui n'en fît pas un héros de cinéma.

J'écrivais en 1962 (*Aux Frontières du Surhumain*, page 88) :

« On imagine fort bien un avocat sauvant la tête de son client en présentant au jury un cliché de l'erreur chromosomique qui est peut-être responsable de la faute morale. »

Or, voici qu'on a décelé, chez certains criminels très violents, la présence d'un chromosome Y surnuméraire : ils seraient, en somme, des supermâles. Et l'on prévoit que la justice, désormais, ne saurait plus ignorer un déterminisme qui se fait lire sous le microscope.

Il y a peut-être des criminels qui mériteraient la peine de mort, mais du diable si on peut savoir lesquels...

Ceux qui louent les assassins : Jean Genet.

Ceux qui canonisent ceux qui louent les assassins : Jean-Paul Sartre.

Ceux qui couronnent ceux qui canonisent ceux qui louent les assassins : jury du Prix Nobel.

Ce qui est écrit en pensant au juge

n'est pas écrit pour être lu par l'accusé.

Peine de mort.

Hâte de ressembler à l'assassin, en lui ôtant ce privilège : avoir tué.

Dans le désir de voir tomber la tête du criminel, n'entre-t-il pas cette pensée : ce serait trop commode de pouvoir se débarrasser du prochain à si peu de frais?

Le plus punissable des crimes est celui qu'à l'extrême rigueur le juge aurait pu commettre.

Mieux vaut n'atteindre à sa meilleure vérité que sur le tard. On n'aura pas le temps, peut-être, de s'en dégoûter.

Il est des vérités qui ne nous provoquent pas à les servir. Nous ne sommes pas tenus de batailler pour toutes.

Mon respect de l'opinion d'autrui m'est une excuse à respecter la mienne.

On ne dirait jamais la vérité si l'on songeait à tous les trompeurs qui y trouvent leur compte.

En attendant qu'elle unisse, rien ne divise comme la vérité.

Que de vérité peut être meurtrie sans qu'un seul mensonge ait été proféré !

C'est déjà quelque chose que de respecter, chez autrui, son respect de la vérité.

Sortant de certaines bouches, la vérité elle-même a mauvaise odeur.

Un peu de mensonge dégrade la vérité, un peu de vérité ne relève pas le mensonge.

Ce qui est vérité pour une seule âme mérite un peu de l'égard qu'on doit à la vérité.

On aimerait à pouvoir évaluer le taux d'un fanatisme comme on mesure, dans le sang, le taux de l'alcool.

Certains voient la paille dans leur œil et non la poutre en celui de l'adversaire.

On peut choisir son régiment, mais partout il faut marcher au pas.

Combattre d'autant plus rudement l'erreur qu'on est plus résolu de tolérer qu'elle s'exprime.

On nous juge sectaire parce que nous ne changeons pas d'avis en cinq minutes sur une question à laquelle nous réfléchissons depuis cinquante ans.

Les astrologues eux-mêmes croient à la vérité.

Je ne me suis jamais senti gêné par les arguments de l'adversaire, mais plutôt, quelquefois, dépité de les trouver si faibles.

Ils ne se doutent pas de ce que c'est qu'aimer la vérité, ceux qui croient que nous pourrions bouder à l'un de ses aspects, si contraire fût-il à nos habituelles façons de penser. Que pèserait la déception d'avoir eu tort au prix de l'espérance d'avoir différemment raison !

Qui n'aspire, en son for intérieur, à changer de vérité? On est toujours un peu las de croire ce qu'on croit.

Par trop de scrupule envers le vrai, on fait la partie belle à trop de mensonges.

Avoir l'esprit ouvert n'est pas l'avoir béant à toutes les sottises.

Je suis si rarement sûr d'avoir raison qu'une telle assurance me monte à la tête.
Comme le vin, pour qui n'a pas l'habitude d'en boire.

7

Il est plus facile, en art, de s'affranchir des conventions que de les faire oublier.

Ne pas se hisser sur les épaules des grands hommes, tâcher de se glisser entre leurs jambes.

Qui approuve une de mes réflexions, c'est souvent qu'il l'a mal entendue.

La tartuferie esthétique, tout comme l'autre, nous rendrait indulgent au vice qui se montre.

Il est meilleur d'admirer sincèrement un faux chef-d'œuvre que d'en admirer faussement un vrai.

On se laisse entraîner parfois à d'agressives partialités de jugement. Comme une « morale de guerre », il y a une esthétique de guerre.

Il y a, dans cette œuvre, quatre-vingts pour cent de vérité : cela fait cent pour cent de mensonge.

Maintenir assez de culture pour laisser toute sa saveur à l'inculture.

De plus en plus, je me refuse à porter d'autres jugements que de cette sorte : voilà une œuvre qui, apparemment, doit recevoir l'approbation de ceux qui, en notre temps, passent pour avoir le goût bon.

Les suiveurs nous obligent à changer de route.

Plus droitement on s'exprime, plus on s'expose à être jugé de travers.

« Si l'on vivait jusqu'à cent vingt ans, on préférerait Titien à tout » (Delacroix). Peut-être est-il, en effet, des goûts si achevés qu'on ne dure pas assez pour y atteindre. Et cela ne serait pas seulement vrai dans le domaine de l'esthétique.

Tout artiste croit avoir atteint le juste point de modernité. Jusqu'ici, mais pas plus loin : en deçà, on retarde; par-delà, on s'égare.

A son âge, X... croit encore au Père Nobel...

On ne saurait nier qu'il existe un certain degré de liaison entre le talent littéraire et l'état de névrose : combien peu de voix saines l'homme aura-t-il entendues?

L'accent de la névrose risque peu de vieillir.

Si je proteste contre l'interdiction d'une œuvre littéraire, cela ne veut nullement dire que cette œuvre ne me dégoûte point.

Selon un mot fameux, « la culture, c'est ce qui reste... ». Encore faudrait-il savoir ce qu'il convient d'avoir oublié.

Le difficile, c'est d'atteindre à l'art avec les seuls moyens de l'art.

La science, parfois, nous enseigne que tout le monde, jusqu'alors, s'était trompé. L'art ne bénéficie jamais de ces brusques décillements.

Pour bien parler de quelque chose, il faut l'aimer ; mais pour accepter d'en parler, ne pas l'aimer trop.

Danger d'être bref.

Ce sont les phrases les plus courtes qui seront le plus citées.

— Qu'avez-vous voulu dire au juste par cette maxime?

— Si j'eusse voulu en dire davantage, je l'eusse fait.

Il faut être bien sûr de son goût pour se permettre d'admirer des auteurs qui l'ont mauvais.

Un auteur est parfois blâmé pour ce qu'il a fait de pire; jamais il n'est loué pour ce qu'il a fait de meilleur.

Si forte est la manie de s'autoriser

d'autrui qu'on irait jusqu'à citer ceux qui nous ont redit.

Le lecteur est déçu par l'écrivain qui ne conclut point, comme le malade par un médecin qui ne fait point d'ordonnance.

Passé un certain point de renommée, il est rare qu'un auteur ne perde à être lu.

Ce n'est pas parce qu'une œuvre a vieilli qu'elle est près de disparaître. Elle peut rajeunir en prenant plus d'âge.

On en veut aux indiscrètes louanges qui inciteraient, pour les réfuter, à dire de soi tout le mal qu'on en pense.

Esthétiques privatives.

Il va de soi que, presque toujours, le manque est meilleur que la présence, le silence préférable au dire; mais le courage, pour l'artiste, n'est-il pas de rivaliser avec le néant?

Les auteurs les plus difficiles sont ordinairement les plus faciles à admirer.

Tant de liberté, en art, pour n'en faire que si peu de chose !

L'indigence d'une œuvre est d'autant plus éclatante que l'auteur s'est donné plus de champ.

Il est rare qu'un novateur dérive d'un autre novateur. Plutôt, d'un conformiste qu'il aura mis en folie.

Certaines œuvres deviennent plus acceptables sitôt qu'elles ne se font plus prendre au sérieux.

On vante cet auteur pour la sincérité intrépide de ses aveux. Moi, plutôt, je louerais quelqu'un pour la dignité de s'être tu.

Muni d'une solide réputation, on ne risque plus rien à dire le vrai sur soi : ce sera pris pour de la modestie.

Compensation.

J'ai l'impression d'avoir été jugé

trop indulgemment sur une œuvre qui, elle, ne me rendait point tout à fait justice.

Il est de certains talents peu relevés mais dont on a peine à ne point user quand on les possède.

Quand l'opinion de quelques-uns est devenue celle de tout le monde, doit-on penser qu'ils avaient vu juste avant les autres, ou qu'ils ont réussi à propager l'erreur ?

J'ai quelquefois pensé que, plus tard, lorsqu'on ne saura plus écrire, lorsque les outrances de la littérature et de l'alittérature auront détérioré jusqu'aux fondements du langage, on irait prendre des leçons de netteté, de rectitude, d'appropriation verbale dans les écrits des gens de science.

N'étant pas des écrivains, ils peuvent, en effet, se permettre de bien écrire. Ils ne sont point tenus à de hasardeuses recherches, à de périlleuses innovations; ils ont licence d'ignorer les consignes destructrices, de narguer les « terreurs » esthétiques; ils peuvent respecter la syntaxe, le bon goût, le bon sens, et se contenter modestement d'un style sage, traditionnel, classique, gardant encore le vieux souci d'être compris et d'exprimer au plus juste ce qu'on a dans l'esprit.

Goût différentiel : savoir discerner une immensité d'écart entre deux œuvres apparemment contiguës.

Je n'admire guère, en littérature, que ce qui ne doit pas être refait de nos jours.

Exhibitionnisme malhonnête : se montrer à demi nu.

Littérature toxique.

Ce n'est pas une marge de sécurité qu'ils se veulent réserver, mais une marge de nocivité.

La peur de n'être pas tout à fait aussi malfaisant qu'on aurait permission de l'être.

Comme la plupart des animaux venimeux, l'écrivain est réfractaire à ses propres poisons.

Certains insectes doivent à leur saveur répulsive d'être défendus contre la voracité des oiseaux.

Tout à l'inverse, un écrivain se fait nauséabond pour se faire consommer.

On ignore quelle est la dosc maximale d'érotisme qu'une société puisse absorber sans dommage, mais on peut être sûr que cette dose, un jour ou l'autre, sera dépassée, pour peu que l'érotisme soit objet de commerce.

Ce que je pardonne le moins aux diffuseurs de poisons, c'est qu'ils prétendent fournir des médicaments.

« Ordures vernissées », disait Joubert.

Aujourd'hui, elles ne sont même plus vernissées.

Jeune, je ne me fusse jamais permis, pour juger une œuvre ou une personne, de céder à une répugnance qui ne donnât point clairement ses raisons.

A présent, je fais crédit à mes dégoûts.

Comme le sommeil, la nausée est une opinion.

8

On est tenté de déraisonner contre ceux qui n'ont raison que pour de vilaines raisons.

L'humanité, comme la plupart des enfants, enlaidit avec l'âge.

Ce qui, d'ordinaire, nous pousse à mentir, c'est le trop de zèle pour une vérité.

Toute pensée est compromise par ses bien-pensants.

Je ne suis certes pas content de moi, mais je crains les retouches qu'apporte à mon image la chirurgie esthétique de l'amitié. C'est encore tel que je suis que je me juge le plus présentable.

« Vous avez horreur du crapaud : faites un crapaud s'il est possible » (La Bruyère).

La tristesse de voir apparaître à côté de soi ce que l'on pensait n'avoir jamais à combattre qu'en face de soi.

Il m'arrive de juger en morale

comme tant d'autres font en art : puisque cela me séduit, ce doit être mauvais.

Ne pas confondre le manque d'un instinct avec la faculté de le réprimer. Il est des impulsions qu'on doit pouvoir maîtriser pour être un civilisé, mais dont il faut être capable pour être un homme.

Après qu'on a choisi une certaine géométrie morale, il s'agit d'en respecter la cohérence.

La pire des immoralités est celle qui sait ne se point priver des jouissances de la vertu.

C'est peut-être ma vulnérabilité au mal qui me rend ami de la vertu : je sais trop bien le mal que peut faire le mal.

Si la vertu n'était que ce qu'en disent les moralistes, il y a longtemps qu'ils nous en auraient fait passer le goût.

Je suis un autodidacte de la vertu.

Ne pas gâcher, pour un peu de plaisir, une vertu ayant longtemps duré : en avoir pour le tort qu'on s'est fait.

Ce qui ôte au vice un peu de sa dignité, c'est qu'il est toujours, par quelque endroit, le parasite de la vertu.

On gagne plus à avoir aimé qu'à avoir compris.

Une méchanceté privée de nuire est plus à plaindre qu'une bonté empêchée de servir.

On a fait un grand progrès dans sa conduite envers autrui quand on a compris que, plus juste est le reproche qu'on lui fait, plus injuste il lui doit paraître.

Une gouttelette de venin suffit à dénoncer la présence d'une glande à venin.

Le plaisir du méchant est moins de dire du mal d'autrui que d'en entendre dire; et, pour cela, quel moyen plus sûr que d'en dire soi-même trop de bien?

On regrette le mal qu'on a fait avec l'énergie qu'on a puisée à le faire.

Tout élargissement du moi met l'égoïsme en péril.

On s'arrangera toujours à placer l'idéal assez haut pour qu'on puisse n'être pas content des hommes.

Qui dédaigne les plaisirs doit quand même en faire assez de cas pour donner prix à ce qu'il leur préfère.

La plupart des philosophes critiquent la notion de « morale biologique ». Mais toute leur dialectique ne saurait empêcher que les familiers du protoplasme ne tombent souvent d'accord sur une certaine façon d'envisager et de juger la conduite humaine. Il n'y a peut-être pas une morale biologique, mais il semble que se construise, peu à peu, une morale de biologistes.

Mon indifférence à l'égard de presque tout ce qui meuble ou orne la vie de presque tous ne laisse pas de toucher au monstrueux. Et, pire encore, je n'en ressens aucune gêne.

Voyages.

Les soucis, les inquiétudes, les regrets, les amertumes, il faut bien les emporter avec soi; et l'on manquera du décor familier qui fait qu'on arrive à les supporter.

L'addition des feintes individuelles forme une réalité sociale.

Le monde s'emplit de choses qui me disconviennent, mais auxquelles, tout bien pesé, je n'ai rien à objecter de valable.

Quand je me sens trop étranger à mon époque, il n'est pour moi que de revenir à mes grenouilles.

La nature me repayse.

Impossible de prévoir ce qui, en nous, va tenir le mieux contre les détachements qu'amène l'âge.

S'il a la peau encore assez tendre pour les ressentir, un vieil homme doit se féliciter des meurtrissures qui lui rendent la vie moins regrettable.

Vivre sans avoir peur de mourir, c'est jouer des haricots...

Un matelas d'années sur un souvenir vulnérant.

Epithètes trop humaines.
L'homme n'est pas grand, l'existence n'est pas absurde, la nature n'est pas belle...

Il y a parfois danger à livrer la conclusion à qui n'a pas fait tout le chemin pour y atteindre.

Un bon mariage est une parabiose qui a réussi.

La vie nous porte, en général, à des états de moins en moins heureux, mais dont nous n'accepterions pas de revenir.

Le plaisir de se séparer des imbéciles est payé du regret de perdre beaucoup d'amis.

Il est en nous des morceaux qui aspireraient à durer toujours. Et d'autres, qui implorent la grâce de finir.

Un bienfait qui ne laisse aucune trace pourrait être — comme un crime — qualifié de parfait.

La libéralité ne croît même pas comme le logarithme de la richesse.

Certains bienfaiteurs pensent si constamment à leurs bienfaits qu'ils ne laissent passer aucune occasion de montrer qu'ils n'y pensent plus.

Quel riche est le moins mauvais : celui qui trouve juste qu'il y ait des pauvres, mais en assiste quelques-uns, ou celui qui ne le trouve pas juste, mais n'a qu'indifférence à leur endroit ?

Pour malveillants que soient les hommes, et si peu tendres au prochain, ils conviennent volontiers sur la bonté d'un des leurs, tant ils sont peu envieux de ce genre de supériorité.

La plus haute louange qui soit, ils la décernent à la légère, parce qu'elle est pour eux sans valeur.

X... ne ment jamais, c'est lui tout entier qui est mensonge.

Travailler à détruire ce qu'on vénère, c'est le mouvement même de la vie.

Passé un certain âge, on se dérobe aux querelles d'opinions. Non certes qu'on soit devenu plus intolérant; mais trop anciennes, trop enracinées et enchevêtrées sont les raisons de penser comme on pense. Les plus fortes, les plus impérieuses, les plus contraignantes, on ne sait même plus d'où on les tire.

X... n'est pas plus indulgent qu'un autre ; simplement, il est plus exigeant sur le mal, comme on l'est, d'ordinaire, sur le bien.

Un homme trop pur laisse le champ trop libre à la calomnie.

C'est une loi, hélas ! que le meilleur soit supplanté par le pire. Tout s'y emploie, et d'abord lui-même.

L'agrément de se sentir croître : il n'est pas réservé aux jeunes.

J'aime toujours autant les humains, mais ce que je prise en eux tient de moins en moins de place dans l'humanité.

Mésestime des réelles valeurs : on pourrait, sans faire grand tort à un pays, en retirer presque tout ce qui, en lui, brille ou retentit.

Rien n'a changé depuis la parabole de Saint-Simon.

Ne pas dénombrer ses raisons de vivre : le bonheur n'est pas cartésien.

Personne ne nous connaît bien, car

personne n'a profit à nous bien connaître.

C'est sur ceux qu'on aime qu'apparaît le plus crûment la tristesse de vivre.

Aussi peu convaincant qu'un poète lorsqu'il parle de la poésie...

A entendre certains fracas, on souhaiterait, pour ce qu'on estime, la dignité du silence.

J'en ai assez de réclamer, pour de hauts esprits, les miettes d'une renommée qui va si copieusement à des pitres.

Gardons de conclure, sur l'apparence, à la dégradation des humains. L'usage des « transistors » ne les a pas rendus plus sots, mais la sottise s'est faite plus sonore.

Les mauvais clients du progrès ressentent surtout les régressions qui l'accompagnent.

C'est une conséquence du progrès que d'entretenir l'appétit du futile en variant son menu.

La seule « prospective » qui m'intéresserait serait celle de l'affectivité. Peu m'importe quels seront, demain, l'aspect des cités, la forme des maisons, la vitesse des véhicules... Mais quel goût aura la vie ? Quelles seront, pour l'homme, les nouvelles raisons de vouloir et d'agir ? Où puisera-t-il le courage d'être ?

La liberté de l'esprit n'est pas moins déterminée que sa servitude.

Vraie ou fausse vocation ? Cela se sait après coup : la vraie, c'est celle qui réussit, comme la vraie angine de poitrine est celle dont on meurt.

Mécontentement du famélique : celui du repu est plus morne.

Nous voudrions être aimés pour notre courage sans être détestés de ceux que nous bravons.

Cerveau : l'instrument, bien sûr, se détériore, mais on en joue plus habilement.

Signatures d'appels, de manifestes, de protestations, etc.

Quel attrait chez nos adversaires ! Ils ne nous demandent rien.

Même à qui se croyait indépendant, l'âge apporte un surcroît de liberté.

Je n'ai jamais fait grand cas de l'opinion des hommes : ce n'est pas au moment de leur échapper...

Jamais on n'a tant parlé de l'avenir que depuis qu'on ne sait même plus s'il y aura un avenir.

Avenir humain.

La pièce sera de plus en plus belle, mais encore faut-il que les acteurs aient envie de la jouer.

« S'intéresser à quoi que ce soit d'un monde qu'on va quitter à jamais dans quelques années ne satisfait pas la raison. »

Je ne suis pas d'accord avec Montherlant. Un vieillard qui ne s'intéresse plus à rien, c'est que rien, jamais, ne l'intéressa.

La vie s'entend à diversifier le goût de ses fiels.

On est peut-être moins fidèle à un être qu'on ne l'est à la fidélité.

X... supporte tout, c'est vrai, mais d'une manière qui le rend, lui, peu supportable.

Qui a tout gagné, il n'a encore rien; qui a tout perdu, il a encore tout.

Le comble de la feinte : se faire prendre pour un faux cynique qui dissimule sa sensibilité.

Sonneries du téléphone : pour moins que cela, on provoque, chez le rat, des ulcères expérimentaux.

J'ai vu des hommes qui faisaient don, je n'en ai jamais vu qui faisaient grâce.

Aimer quelque chose plus que la vie, c'est faire que sa vie soit plus que la vie.

— Cela m'étonne de vous, qui d'ordinaire avez l'esprit si large... — Je sais, à l'occasion, le rétrécir.

Je ne crois pas avoir jamais rencontré un homme pour qui tous les hommes soient tout à fait des hommes.

L'illusion nous prive du meilleur : quand s'éteignent les belles tromperies, d'humbles vérités prennent leur revanche.

ŒUVRES DE JEAN ROSTAND

Aux Éditions Stock :

Pensées d'un biologiste
(comprenant les Nouvelles Pensées d'un biologiste).
Le droit d'être naturaliste.
Hommes de vérité, tome premier.
Hommes de vérité, tome II.
La Vie des Crapauds.
La Vie des Libellules.

IMPRIMÉ EN FRANCE PAR BRODARD ET TAUPIN
7, bd Romain-Rolland - Montrouge - Usine de La Flèche.
LE LIVRE DE POCHE - 12, rue François Ier - Paris.
ISBN : 2 - 253 - 00612 - 2

Pluriel

Cette nouvelle collection, consacrée aux essais et aux livres de « sciences humaines », offre une double originalité :

- elle est constituée à partir des fonds de nombreux éditeurs ;
- les textes proposés font l'objet d'une édition entièrement remise à jour, ils sont accompagnés d'une préface ou d'une postface, de notes et annexes facilitant la compréhension de la démarche de l'auteur et faisant le point des recherches dans le domaine étudié. Certains livres ou documents sont augmentés d'un véritable « dossier critique ».

Amalrik (Andreï).
L'Union Soviétique survivra-t-elle en 1984 ?, 8300/3 B.

Aron (Raymond).
Essai sur les libertés, 8301/1 A.
Plaidoyer pour l'Europe décadente, 8320/1 E.

Azéma (J.-P.) et **Winock (M.).**
La IIIe République, 8330/0 E.

Benda (Julien).
La Trahison des clercs, 8309/4 C.

Bettelheim (Bruno).
Le Cœur conscient, 8305/2 C.

Chevalier (Louis).
Classes laborieuses et Classes dangereuses, 8334/2 G.

Cocteau (Jean).
Portraits-souvenir, 8308/6 C.

Comte (Auguste).
Du pouvoir spirituel, 8328/4 E.

Delumeau (Jean).
Le Christianisme va-t-il mourir ? 8331/8 D.

Elias (Norbert).
La Civilisation des mœurs, 8312/8 E.

Ellul (Jacques).
L'Illusion politique, 8314/4 D.

Fejtö (François).
L'Héritage de Lénine, 8318/5 E.

Fiori (Giuseppe).
La Vie de Antonio Gramsci, 8319/3 E.

Girard (René).
Mensonge romantique et vérité romanesque, 8321/9 C.

Gorki (Maxime).
Pensées intempestives, 8311/0 D.

Goubert (Pierre).
Louis XIV et vingt millions de Français, 8306/0 C.

Grosser (Alfred).
L'Allemagne de notre temps, 8329/2 G.

Halévy (Daniel).
Nietzsche, 8307/8 E.
Visites aux paysans du Centre, 8325/0 D.

Jouvenel (Bertrand de).
Du Pouvoir, 8302/9 E.

Jünger (Ernst).
Chasses subtiles, 8316/9 C.

Kœstler (Arthur).
La Corde raide, 8327/6 E.
Hiéroglyphes, t. 1, 8332/6 E ; t. 2, 8333/4 E.

Lepage (Henri).
Demain le capitalisme, 8322/7 D.

Mann (Thomas).
Wagner et notre temps, 8315/1 B.

Robert (Marthe).
D'Œdipe à Moïse, 8323/5 C.

Rousseau (Jean-Jacques).
Du contrat social, 8326/8 D.

Ruyer (Raymond).
La Gnose de Princeton, 8303/7 C.

Sauvy (Alfred).
L'Economie du diable, 8310/2 C.

Le Livre de Poche illustré

Série **ART**

dirigée par André Fermigier

Des textes essentiels sur l'esthétique et l'histoire de l'art.

Burckhardt (Jacob).
La Civilisation de la Renaissance en Italie, t. 1, 2001/3 ; t. 2, 2002/1 ; t. 3, 2003/9.

Cachin (Françoise).
Gauguin, 2362/9.

Clark (Kenneth).
Léonard de Vinci, 2094/8.
Le Nu, t. 1, 2453/6 ; t. 2, 2454/4.

Faure (Elie).
Histoire de l'Art :
1. L'Art antique, 1928/8.
2. L'Art médiéval, 1929/6.
3. L'Art renaissant, 1930/4.
4. L'Art moderne, t. 1, 1931/2.
5. L'Art moderne, t. 2, 1932/0.
L'Esprit des Formes, t. 1, 1933/8 ; t. 2, 1934/6.

Friedländer (M. J.).
De l'art et du connaisseur, 2598/8.

Fromentin (Eugène).
Les Maîtres d'autrefois, 1927/0.

Golding (John).
Le Cubisme, 2223/3.

Gombrich (E. H.).
L'Art et son histoire, t. 1, 1986/6 ; t. 2, 1987/4.

Guinard (Paul).
Les Peintres espagnols, 2096/3.

Levey (Michael).
La peinture à Venise au XVIIIe siècle, 2097/1.

Mâle (Emile).
L'Art religieux du XIIIe siècle, t. 1, 2407/2 ; t. 2, 2408/0.

Pevsner (Nikolaus).
Génie de l'Architecture européenne, t. 1, 2643/2 ; t. 2, 2644/0.

Rewald (John).
Histoire de l'impressionnisme, t. 1, 1924/7 ; t. 2, 1925/4.

Richards (J.M.).
L'Architecture moderne, 2466/8.

Sullivan (Michael).
Introduction à l'art chinois, 2343/9

Teyssèdre (Bernard).
L'Art au siècle de Louis XIV, 2098/9.

Wolfflin (H.).
Renaissance et Baroque, 2099/7.

Encyclopédie PLANÈTE

Albessard (N.).
D'où vient l'humanité, 2619/2.

Alleau (René).
Les Sociétés secrètes, 2599/6.

Mahé (André).
Les Médecines différentes, 2836/2.

Martin (Charles-Noël).
Le Cosmos et la Vie, 2822/2.

Nord (Pierre) et **Bergier (Jacques).**
L'Actuelle Guerre secrète, 2672/1.

Sprague de Camp (L. et C.).
Les Enigmes de l'Archéologie, 2660/6.

Le roman vrai...

Une **série historique** abondamment illustrée
dirigée par Gilbert Guilleminault

Le roman vrai du demi-siècle.
Du premier Jazz au dernier Tsar, 2351/2.
De Charlot à Hitler, 2352/0.
La Drôle de Paix, 2579/8.

Le roman vrai de la IVe République.
Les lendemains qui ne chantaient pas, 2722/4.
La France de Vincent Auriol, 2758/8.

30/3634/0

L'égalité des sexes

CONNAISSANCE DU DROIT
DALLOZ

collection fondée par Jean-Luc Aubert
Agrégé des Facultés de droit

dirigée par Philippe Jestaz
Professeur à l'Université de Paris Val-de-Marne (Paris XII)
Membre de l'Institut universitaire de France

L'égalité des sexes

1998

Françoise Dekeuwer-Défossez
Professeur à l'Université de Lille 2

DALLOZ

DALLOZ

31-35 rue Froidevaux, 75685 Paris cedex 14

Table des matières

Arnolphe :

« Bien qu'on soit deux moitiés de la société,
ces deux moitiés pourtant n'ont pas d'égalité :
l'une est moitié suprême, et l'autre subalterne. »

Molière, *L'École des femmes,*
acte III, scène 2.

PROLÉGOMÈNES

Droits de l'Homme et Droits des femmes, différence sexuelle et égalité des sexes

En cette extrême fin du XXe siècle, la notion d'égalité des sexes est devenue évidente, « incontournable », dans le monde occidental, au point que l'absence de reconnaissance de cette égalité, dans nos sociétés ou dans d'autres, est perçue comme un véritable scandale, au point que se multiplient recommandations, résolutions, et directives tendant à la promouvoir. Ainsi, par exemple, l'Assemblée parlementaire du Conseil de l'Europe a-t-elle émis, les 24 janvier 1994 et 27 avril 1995, deux recommandations sur l'égalité des droits entre les hommes et les femmes. Mais, dans le même temps, la Conférence de Pékin de septembre 1995, sur les droits de la femme, a vu une vigoureuse contestation de certains aspects de cette égalité émanant des pays islamiques, relayée en ce qui concerne la maîtrise de la fécondité par les pays catholiques et le Vatican.

La survivance, et même la reviviscence des réticences face à l'égalité des sexes tient peut-être pour partie aux difficultés de conceptualisation et d'application du *principe même d'égalité des citoyens.* La notion même d'égalité fait l'objet actuellement d'interrogations nombreuses. S'il ne s'agissait que de traiter identiquement des personnes qui sont dans des situations semblables, il n'y aurait pas grand débat. Mais pourquoi et comment traiter également des personnes qui sont dans des situations de fait différentes ? Dans quelle mesure un traitement égal consiste-t-il alors à *compenser les inégalités préexistantes* ? Égalité et justice sont-ils toujours synonymes ou parfois antinomiques ? Il s'agit là d'une question générale qui agite actuellement économistes, politistes et philosophes (Rawls, Dworkin, Ricoeur ou Bouretz...). On peut légitimement se demander si l'égalité *en soi* est forcément un progrès. Ainsi, la prostitution a longtemps été une forme d'exploitation réservée aux femmes, avant de toucher aujourd'hui de plus en plus de jeunes hommes. Il n'y a aucun lieu de se réjouir de cette forme d'égalité, bien au contraire !

Pour certains philosophes contemporains, il vaut mieux rechercher le meilleur état possible pour tous que l'égalité à tout prix (V. Rawls). Le débat est ouvert en ce qui concerne l'inégalité des sexes comme pour toutes les inégalités.

Il n'entre pas dans notre ambition de régler cette difficulté, omniprésente dans tout questionnement relatif à l'égalité. Mais, dans l'ensemble des pays qui ont pour principe constitutionnel l'égalité des citoyens, pour certains depuis plus de deux siècles, il est notable de relever les obstacles que rencontre spécifiquement l'égalité des sexes. Un très bref retour sur la dimension anthropologique du « fait féminin » (1) doit donc précéder la présentation historique de l'émergence du principe d'égalité des sexes (2), avant d'envisager les voies et moyens conceptuels et concrets de cette égalité (3).

1. Le fait féminin

Le point de départ de la réflexion doit être un retour aux évidences biologiques : l'espèce humaine est mâle et femelle. Sur ce donné naturel se sont construites des règles sociales, étant entendu que le but de ces règles sociales est de permettre la continuité de l'espèce et de la forme de culture considérée. Claude Lévi-Strauss « pape » de l'anthropologie identifiait trois piliers existant dans toute construction sociale : la prohibition de l'inceste, la répartition sexuelle des tâches et une forme reconnue d'union sexuelle. Ces trois piliers étaient, selon lui, destinés à la fois à assurer la cohésion du corps social (par l'échange de femmes qui crée des liens entre beaux-frères), à contrôler la fonction procréatrice (par la régularité des unions) et à assigner à chacun sa fonction au sein du groupe. Plus récemment, Madame Héritier a ajouté un quatrième élément constant, qui soustend les trois autres et qu'elle appelle la valence différentielle des sexes, c'est-à-dire que l'opposition homme/femme sert de modèle, d'archétype à toutes les oppositions abstraites (froid/chaud, dedans/dehors, etc.), comme le montre l'exemple des relations entre *yin et yang* dans la pensée chinoise.

Or, dans cette opposition masculin/féminin qui envahit la totalité de l'espace (religieux, professionnel, social, familial), le pôle féminin est constamment dévalorisé et le pouvoir est expressément et explicitement réservé aux hommes. À cet égard, et quels que soient les efforts de la recherche féministe, il faut bien reconnaître qu'il n'y a aucun argument convaincant démontrant l'existence effective de sociétés égalitaires ou matriarcales. Sans doute certains chercheurs ont-ils pu supposer que les temps préhistoriques avaient dû connaître une complémentarité entre les sexes : le culte des déesses-mères attesté par des figurines non ambiguës devait aller de pair avec une certaine valorisation des fonctions proprement féminines ; l'importance non négligeable des fonctions économiques féminines (en particulier de la cueillette), aussi sinon plus importantes que celles des hommes (chasse) devait entraîner un relatif équilibre entre les sexes.

Force est néanmoins de reconnaître qu'il ne s'agit que de suppositions controversées, et que les temps historiques n'ont apporté aucune preuve de sociétés véritablement égalitaires, ni matriarcales. Il y en eut de matrilinéaires, c'est-à-dire que le mari venait habiter dans la famille de sa femme, et que les enfants étaient rattachés à la famille de leur mère, mais cela n'empêchait pas le pouvoir d'être aux mains des hommes et les enfants d'être sous l'autorité de leur oncle maternel. Le matriarcat semble n'être, en définitive, qu'un mythe qui « déclare explicitement que toute culture, toute société est fondée sur l'inégalité sexuelle et que cette inégalité est violence » (F Héritier, *Masculin/féminin, la pensée de la différence*). Sans doute cette inégalité varia-t-elle selon les temps et les lieux, mais son existence semble constante.

Reste la question de savoir pourquoi ce rapport de force inégalitaire s'est instauré et a perduré. Il paraît bien difficile d'avancer des explications qui soient autre chose que des hypothèses plus ou moins teintées de subjectivisme. On peut supposer que le partage des tâches s'est effectué à partir de la moindre mobilité des femmes, due à leurs maternités, et de leur moindre force physique. On peut surtout supputer que la sujétion des femmes fut destinée à rééquilibrer en faveur des hommes le rapport de forces relatif à la procréation. Face à la prééminence naturelle de la mère, le groupe masculin s'organisa pour s'approprier une partie du contrôle de cette fonction sociale essentielle : tel est le sens à la fois des rites de mariage, et de la dépendance très forte de la situation de la femme par rapport à ce mariage, l'ensemble des particularités du statut de la femme trouvant sa source et son explication dans le fait qu'elle est destinée à être épouse et mère.

2. L'émergence historique du principe d'égalité des sexes

On mesure, au regard des données anthropologiques succinctement rapportées, la nouveauté considérable que représente notre société dans laquelle à partir de l'idéologie de l'*égalité des sexes* s'est développée une *indifférenciation des rôles* dont il n'est pas d'autre exemple dans l'Histoire.

L'idéologie de l'égalité des sexes est très récente dans son affirmation.

Le Monde Antique était tout entier construit sur un ensemble d'inégalités : entre esclaves et hommes libres, entre plébéiens et patriciens, entre citoyens et non-citoyens et, bien évidemment, entre hommes et femmes. Si les premières réflexions sur l'idéal d'égalité se trouvent dans les œuvres de Platon et d'Aristote, il ne s'agissait que d'égalité *entre les citoyens*, et les femmes n'étaient bien évidemment pas des citoyens. Sans doute peut-on relever, par exemple chez Platon, une interrogation relative à l'éventualité de l'égalité entre homme et femme dans la cité idéale. Mais cette égalité s'arrête au moment où la femme se marie (ou est mariée, plutôt). Dans la Politique d'Aristote, la femme se situe à un niveau intermédiaire entre l'esclave et le citoyen.

Il est bien évidemment impossible de retracer ici le panorama des inégalités affectant la situation de la femme dans le cours de l'Histoire. Certaines civilisations lui étaient plutôt favorables, par exemple la civilisation égyptienne ou la civilisation celte. La situation de la femme à Rome évolua sensiblement, d'une radicale incapacité sous la République à une relative autonomie au Bas-Empire.

Il faut noter tout particulièrement le discours inégalitaire de l'Ancien Testament, issu d'une civilisation sémite connaissant la polygamie et fondée sur un système véritablement patriarcal, c'est-à-dire où le père de famille concentrait tous les pouvoirs en ses mains, y compris celui de sacrifier ses enfants. Cette racine induira une réticence durable des « religions du Livre » (Judaïsme, Christianisme, Islam) vis-à-vis du statut des femmes. À cet égard, l'influence de la religion chrétienne est particulièrement ambiguë. Il est en effet certain que les Évangiles valorisent, en de nombreuses occurrences, le rôle des femmes et leur donnent la parole ; mais les apôtres sont tous des hommes — pouvait-il d'ailleurs en être autrement ? Dans les lettres de Saint Paul, on retrouve des traces d'idées égalitaires : « Il n'y a plus ni Juif ni Grec ; il n'y a plus ni esclave ni homme libre ; il n'y a plus l'homme et la femme ; car tous vous n'être qu'un en Jésus-Christ » (Gal **3** 28). Mais on trouve aussi, et en bien plus grand nombre, des prescriptions tendant à asseoir l'autorité du mari sur sa femme (V. par ex. 1 Co **11** 3-15 ; Ep **5** 22-33...).

Cette ambiguïté perdurera jusqu'à aujourd'hui ; les églises chrétiennes ont toujours reconnu à la femme une liberté personnelle, en particulier religieuse, ont travaillé à éradiquer les mariages forcés, la répudiation et la polygamie. Mais elles ont aussi prêté main-forte à la soumission de la femme à son mari dans le souci de la stabilité de la famille, et se sont opposées de toutes leurs forces aux combats que les femmes ont mené contre les oppressions familiales. L'Église catholique lutte encore aujourd'hui contre le droit au divorce, à la contraception et à l'interruption volontaire de grossesse. Par ailleurs, l'inégalité des sexes au regard des fonctions ecclésiastiques perdure encore aujourd'hui dans les églises catholique et orthodoxe. Par contre, les églises issues de la Réforme sont, pour la plupart, assez égalitaires.

Cette attitude est partagée par les autres grandes religions monothéistes. Le statut de la femme est, en cette fin de xxe siècle, l'un des principaux points sur lesquels l'Islam se démarque radicalement du monde occidental, et cette opposition que l'on peut dire violente a été manifestée de façon médiatique dans les difficultés causées par « le voile à l'école ». Le judaïsme, bien que plus discret, n'est guère en reste, surtout dans ses branches traditionalistes, au point que l'on se demande régulièrement si l'inégalité des sexes est constitutive des religions monothéistes construites autour d'un Dieu qui est masculin. Ce qui a entraîné des théologiennes en général américaines du Nord, à entreprendre une lecture féministe de la Bible qui ne fait pas encore vraiment autorité !

En Europe, le Moyen Âge puis la Renaissance verront donc l'inégalité des sexes consciemment adoptée comme fondement de l'organisation familiale et sociale.

On peut dater du XVIIe siècle les premières mises en doute de la hiérarchie des sexes. Que la question ait travaillé les élites intellectuelles ne fait aucun doute : le mouvement des Précieuses, le théâtre de Molière... l'attestent avec certitude. Le premier écrit sur l'égalité des sexes date de 1673 et fut écrit par Poulain de la Barre. L'honnêteté impose d'ajouter qu'il n'eut aucun retentissement à l'époque. Mais cette question fut ensuite agitée pendant tout le XVIIIe siècle, par Montesquieu, Diderot et beaucoup d'autres.

La Révolution française ayant proclamé le principe de l'égalité des citoyens, l'on aurait pu penser que ce principe s'appliquerait aux citoyennes. Chacun sait cependant que, malgré les efforts par exemple de Condorcet, la Révolution française ne consacra nullement l'égalité des sexes. La déclaration des droits de l'Homme de 1789 ne comporte aucune allusion aux droits des femmes. La « Déclaration des droits de la femme et de la citoyenne » d'Olympe de Gouges (1791) ne fut jamais adoptée, et son auteur eut la tête tranchée par la suite. À la fin de la période révolutionnaire, le Code civil de 1804 consacrera une famille de type patriarcal, dans laquelle le chef de famille concentre entre ses mains la puissance paternelle et la puissance maritale. On doit à la vérité de rappeler qu'à l'époque, l'égalité des citoyens n'empêchait pas le suffrage d'être censitaire : il existe toujours un certain décalage entre la proclamation des principes et leur mise en œuvre.

On peut néanmoins se demander si ce décalage n'est pas particulièrement sensible au regard des droits des femmes. Il faudra un siècle et demi, France, pour que l'égalité des sexes soit consacrée au niveau politique par le Préambule de la Constitution de 1946 dont l'alinéa trois proclame : « la loi garantit à la femme, dans tous les domaines, des droits égaux à ceux de l'homme ».

Les femmes venaient alors de recevoir le droit de vote, qu'elles avaient exercé pour la première fois en 1945.

Mais les conséquences civiles de cette égalité proclamée devaient encore tarder à venir : le « chef de famille » n'a disparu du droit civil qu'en 1970 ; l'égalité professionnelle ne sera légalement établie qu'en 1983 ; ce n'est qu'en 1985 que disparaîtront des dernières inégalités entre les époux dans la gestion du patrimoine familial. Enfin, le système du « patronyme », qui fait porter à l'enfant légitime le nom de son père et ne permet en aucun cas à la femme mariée de transmettre son propre nom est encore en vigueur. Bastion du système patriarcal, le patronyme ne semble pas, pour l'instant, menacé en France.

On constate que c'est au sein de la famille que subsistent les inégalités, ce qui est logique puisque c'est la spécificité du rôle familial de la femme qui a fondé historiquement le système de son oppression.

Reste que, malgré quelques îlots d'inégalités juridiques, le principe de *l'égalité en droits* de l'homme et de la femme est aujourd'hui solidement établi en France. Au niveau international, deux organismes veillent jalousement à la garantir : l'Union européenne, dans le domaine économique et social, par ses directives, ses actions concrètes et la jurisprudence de la Cour de justice des Communautés ; et le Conseil de l'Europe pour les droits civils et familiaux, par le canal de la Convention européenne des Droits de l'Homme, dont la sanction est assurée par la Cour européenne des droits de l'Homme. Lorsque les lois ou les juges français méconnaissent le principe de l'égalité des sexes, l'une ou l'autre de ces Hautes Juridictions est habilitée à condamner l'État français, ce qui est d'ailleurs déjà arrivé plusieurs fois.

L'établissement de ce principe n'a pu cependant se faire que sur la base de l'identification des rôles masculin et féminin.

L'indifférenciation des rôles a été, en effet, dès l'origine du mouvement vers l'égalité, la base de ce dernier.

En effet, l'argument principal de la commune appartenance des deux sexes à la même condition humaine, fondant leur égalité naturelle de droits, semblait devoir être confortée par la démonstration de l'égale capacité des deux sexes, en particulier au plan intellectuel. Partant d'une situation où les activités spécifiquement féminines étaient dévaluées, le combat vers l'égalité s'est fait en prouvant que les femmes étaient aussi capables et compétentes que les hommes successivement dans tous les domaines. C'est principalement sur le front de l'éducation et de l'emploi que la lutte a été menée.

L'importance de l'éducation des femmes dans la construction de leur infériorité a été perçue très vite. À cet égard, on peut lire, par exemple l'essai de Stuart Mill « *L'asservissement de la femme* » daté de 1869 ; presqu'un siècle plus tard en écho la formule célèbre de Simone de Beauvoir « on ne naît pas femme, on le devient ». Si les femmes ont les défauts que leur prêtent les hommes (ce qui n'est d'ailleurs pas prouvé), c'est tout simplement parce qu'on les leur a inculqués. Comment espérer une quelconque autonomie d'une personne qui, depuis son plus jeune âge, n'a été instruite qu'en vue des fonctions domestiques qui lui sont prédestinées ? C'est au XIXe siècle que l'on commença véritablement à instruire les filles, d'ailleurs en grande partie afin d'améliorer l'éducation qu'elles-mêmes pourraient transmettre à leurs enfants. Le phénomène ne cessa ensuite de s'amplifier et les femmes acquirent progressivement le droit à *la même éducation* que les garçons, c'est-à-dire à un enseignement mixte. En effet, tant que les établissements demeurèrent séparés, le niveau d'études des filles demeura inférieur à celui des garçons. L'ouverture aux femmes des *mêmes filières* permit seule l'acquisition d'un niveau similaire. Et le passage des mêmes examens dans les mêmes conditions permit seul l'affirmation d'une équivalence de niveau.

On remarque que l'évolution a consisté à ouvrir aux filles et femmes les écoles et universités des hommes ;

les femmes se sont adaptées à l'éducation prévue pour les hommes. Sans doute aujourd'hui observe-t-on que les filles préfèrent les filières littéraires et sociales, les garçons les études scientifiques et technologiques. Il est de bon ton de le déplorer, et d'encourager par des politiques publiques à une mixité des filières, seule susceptible d'assurer effectivement l'égalité des sexes. Nulle part il n'est envisagé que l'égalité des sexes puisse être réalisée dans un contexte où les types d'études suivies par les hommes et les femmes seraient différents. Il est trop certain, en effet, que l'admission d'une orientation préférentielle des filles vers une catégorie de filières entraînerait inéluctablement une dévalorisation de ces études et une régression de l'égalité des sexes. Pourtant, y a-t-il *in abstracto* des raisons d'estimer les mathématiques supérieures à la littérature ?

L'évolution relative à l'*activité professionnelle* a été plus complexe. En effet, le déplacement du travail des femmes s'est accompli dans un contexte de mutations économiques, sociales et technologiques. Il n'est pas inutile de rappeler la masse considérable que représentait naguère encore l'ensemble des activités ménagères, agricoles, voire artisanales accomplies par les femmes « à la maison ». Qui a aujourd'hui idée de ce que représentaient, encore au début ce de siècle, des activités telles la cuisine, la lessive, le barattage du beurre et la fabrication des fromages, ou la tenue de la « boutique » du boulanger ? Ce travail était invisible, et ce qui en subsiste le demeure encore largement. Il n'empêche qu'il était essentiel à l'économie d'une famille et que sa valeur sociale et même monétaire était reconnue.

L'activité professionnelle de la femme prit une toute autre tournure dès lors qu'elle se fit à l'extérieur du foyer, dans les usines d'abord, dans les bureaux ensuite. Des phénomènes inexistants ou occultés apparurent alors : la femme acquit un salaire personnel, ce qui entraîna à la fois la revendication de *l'égalité des salaires* et une certaine *indépendance* par rapport à son époux.

Aucune comparaison ne pouvait être menée entre le travail de l'agriculteur et de l'agricultrice, entre celui du boucher et de la bouchère, et les profits de leur activité étaient communs. Par contre, la comparaison va se faire tout naturellement entre le salaire de l'ouvrier et celui de l'ouvrière, et entre celui du mari et celui de l'épouse. Mais seul le modèle de l'identité permet les comparaisons. La disparition de l'inégalité des sexes dans le domaine professionnel est impossible en dehors d'un contexte de mixité des emplois.

Le travail extérieur des femmes fit aussi apparaître en plein jour le phénomène de la « double journée » de travail, et entraîna donc la revendication d'un « partage des tâches ménagères ». Par ailleurs, l'acquisition de la capacité sociale et professionnelle par les femmes rendit progressivement insupportable et injustifiable son incapacité familiale. Peu à peu, le droit de la famille reconnut des prérogatives équivalentes au père et à la mère, à l'époux et à l'épouse.

C'est donc à une double indifférenciation des rôles, aussi bien en matière professionnelle que dans le domaine familial que va aboutir l'aspiration à l'égalité devant le travail. Mais tandis que la pénétration par les femmes des activités autrefois masculines (magistrature, barreau, police, médecine, architecture) va entraîner pour elles une valorisation certaine, l'investissement par les hommes des tâches domestiques se montrera beaucoup moins gratifiant pour eux, à l'exception peut-être du maternage. C'est d'ailleurs probablement pourquoi ils ne s'y précipitent que modérément.

Au total, l'on parvient à une situation où l'on peut prétendre que « *l'un est l'autre* » selon le titre du livre d'Élisabeth Badinter.

On aurait pu imaginer d'autres formes d'égalité. On aurait pu penser à un principe d'égalité fondé sur l'identité d'appartenance de l'homme et de la femme à l'espèce humaine, se combinant avec un partage des tâches laissant aux deux moitiés de l'humanité des responsabilités réciproques et spécifiques. Après tout, la tâche de mise au monde et d'éducation des futures générations qui semble assignée à la femme par le fait de la maternité n'a rien *en soi* d'inférieur aux tâches de subsistance et d'organisation sociale des hommes. Il est peut-être plus important d'élever des enfants que de serrer des boulons sur une chaîne de montage !

Seulement, le confinement de la femme à la sphère domestique s'est accompagné historiquement d'un pouvoir exercé sur elle par l'homme et d'une dévalorisation à la fois de ses fonctions et de sa personne. L'égalité ne pouvait être conquise que par la démonstration de compétences identiques à celles des hommes, puisque ce sont les seules qu'ils estiment.

Et puis, il ne faut pas oublier que la maternité et les soins des enfants n'occupent plus qu'une partie relativement faible de la vie des femmes. Les familles comportent rarement plus de deux enfants et ils sont pris en charge dès l'âge de deux ans par l'école. Il est dès lors logique et utile à la société que les compétences et l'activité des femmes se déploient au service de la société dans l'exercice d'une profession. Et elles ne peuvent le faire à égalité avec les hommes qu'en l'exerçant comme eux.

Le résultat de cette constante historique qui lie égalité et identité des fonctions est la difficulté, pour ne pas dire l'impossibilité, de prendre en considération les femmes comme catégorie sociale sans que ce soit perçu comme potentiellement contraire à l'égalité des sexes. Le « droit à la différence » contient en germe la différence des droits. Cet enseignement de l'histoire des droits des femmes est d'ailleurs transposable à d'autres dialectiques égalitaires. Cette unité essentielle de la problématique égalitaire se retrouve dans l'examen de ses voies et moyens.

3. Voies et moyens de l'égalité des sexes

La forme première de l'égalité, celle qui se traduit par des règles simples telles l'attribution d'un droit de vote à chacun, homme et femme indifféremment, ou encore le principe « à travail égal salaire égal », est appelée « *égalité en droits* ».

Mais cette égalité, pour indispensable qu'elle soit, n'est pas suffisante. En effet, donner des droits identiques à des personnes qui sont dans une situation concrète d'inégalité ne permet pas de réduire cette inégalité de base. La problématique de l'égalité des sexes rejoint ici le questionnement général déjà évoqué relatif à la notion même d'égalité. En tous cas, il paraît acquis qu'un traitement strictement identique ne peut pas toujours être considéré comme suffisant.

Souvent considérée comme purement formelle, l'égalité en droits est donc jugée insuffisante, et les femmes revendiquent *l'égalité concrète*. Pour illustrer notre propos, on peut prendre l'exemple des pouvoirs exercés par les époux sur les biens du ménage. Si la loi confère à chaque époux un pouvoir exclusif de gestion sur les biens qu'il acquiert, l'égalité des droits est parfaite. Mais, dans un contexte où les femmes n'ont pas de revenus personnels, ou si ces derniers sont notablement inférieurs à ceux des hommes, subsiste une inégalité concrète. Celle-ci peut être palliée par une règle juridique donnant à chaque époux des pouvoirs pour gérer l'ensemble des biens du ménage. L'égalité théorique de pouvoirs de gestion (égalité en droits) est alors complétée par une égalité concrète dans l'étendue de la masse de biens à gérer.

Égalité en droits et égalité concrète demeurent des notions statiques. Un pas supplémentaire va être effectué par la notion *d'égalité des chances*. Il s'agit, cette fois, d'une notion dynamique, qui recouvre des opérations, dites « *actions affirmatives* » destinées à rendre effectives l'égalité en droits et l'égalité concrète. Un bon exemple est fourni par les « plans d'égalité professionnelle », destinés à permettre aux femmes, en particulier au moyen de formations adéquates, de rééquilibrer leur situation par rapport aux hommes dans une entreprise donnée.

Le contraire de l'égalité est la *discrimination* que l'on peut définir comme une différence péjorative effectuée en fonction d'un critère illicite. La discrimination sexiste n'en est qu'une variété, incriminée dans le domaine économique par le code pénal (art. 225-1 et s.) en même temps qu'une série d'autres discriminations (en fonction de la race, de la religion, de l'état de santé, des mœurs, etc.). L'exemple-type est le refus d'embaucher une femme pour un poste correspondant à sa qualification professionnelle pour la seule raison que l'on préfère un homme, afin d'éviter les risques d'absentéisme liés à la maternité. La *discrimination indirecte* est celle qui vise un ensemble de personnes qui sont, statistiquement et sociologiquement des femmes : par exemple, des travailleurs à temps partiel.

Quant aux *discriminations positives*, elles consistent à accorder une préférence à une catégorie de personnes parce qu'elles sont habituellement défavorisées. Par exemple, une circulaire administrative enjoindra aux chefs de service de faire bénéficier les femmes de promotions, de préférence aux hommes, afin de rééquilibrer les pourcentages de l'un et l'autre sexe dans les degrés élevés de la hiérarchie. Bien que l'objectif final de la mesure soit de parvenir à l'égalité des sexes, on ne peut se dissimuler que le moyen utilisé soit discriminatoire à l'égard des hommes. Aussi ne doit-on pas s'étonner des réticences, voire des condamnations suscitées par ce genre de procédés. De surcroît, la discrimination positive accrédite l'idée selon laquelle les catégories considérées seraient, par elles-mêmes, inaptes à accéder aux fonctions postulées, ce qui n'est pas de nature à promouvoir l'égalité. Aux États-Unis, où ces discriminations sont utilisées depuis longtemps en faveur des femmes, mais aussi des minorités raciales, elles font l'objet actuellement d'un vif débat.

On notera la parenté étroite entre les discriminations positives et les actions affirmatives. Il est en effet, bien difficile de mettre en place des mesures de rattrapage pour les femmes sans par là même désavantager les hommes. Les différentes formes d'égalité peuvent alors être contradictoires entre elles.

Quant à la notion de *parité* elle concerne le mode de représentation des deux sexes. Il s'agit de trouver des dispositifs tels que les modes de désignation de la représentation nationale, c'est-à-dire les élections (législatives, municipales, syndicales, professionnelles...) n'aboutissent pas à une sous-représentation abusive des femmes. Mais aucun mécanisme ne permet un tel résultat sans une forme quelconque de séparation des sexes dans le processus électif. La recherche de la parité ne peut donc s'opérer sans entorse au mouvement d'indifférenciation des sexes actuellement fondement de leur égalité, ni sans quelque forme de discrimination positive. Aussi est-elle, logiquement, fort contestée.

Il est, au demeurant, paradoxal d'observer que la recherche de l'égalité et de la parité s'effectue selon des techniques et concepts juridiques élaborés pour la *protection des minorités* raciales ou autres, de même d'ailleurs, que les actions affirmatives et autres discriminations positives, alors que les femmes représentent largement plus que la majorité des français ! Socialement et même culturellement, les femmes sont une minorité, en ce sens que l'homme est perçu comme l'être de référence, la femme comme celle qui déroge à cette normale.

L'unicité des problèmes liés à l'égalité ou la spécificité de l'égalité des sexes est d'ailleurs un autre enjeu de débats. Pour les féministes, l'oppression des femmes est à n'en pas douter un phénomène unique incomparable à quoi que ce soit d'autre. Mais pourtant, l'égalité des sexes est incluse dans le concept général d'égalité des citoyens. Et les outils intellectuels ainsi que les techniques juridiques utilisés pour la promouvoir sont identiques à ce qui a pu être utilisé pour asseoir d'autres sortes d'égalité. Ainsi retrouve-t-on, par exemple, la notion d'égalité des chances dans le domaine scolaire, à l'égard d'enfants de quartiers ou de milieux défavorisés (V. sur toutes ces questions le *Rapport public 1996* du Conseil d'État, La Documentation française).

Le débat n'est pas académique, car il pose en retour la question de savoir si l'utilisation de certaines techniques pour affermir l'égalité des sexes n'aurait pas des prolongements inattendus dans d'autres contextes inégalitaires. Ainsi, dans un arrêt remarqué et inattendu du 29 octobre 1996, la Cour de cassation a transposé entre plusieurs femmes salariées l'application de l'adage « a travail égal, salaire égal » inventé à propos de l'inégalité des salaires des hommes et des femmes. De même, l'une des difficultés du débat actuel sur la parité politique, et peut-être la plus grave, est l'usage que pourraient faire d'autres « minorités » des techniques inventées pour assurer la parité hommes/femmes. Ainsi pourrait-on craindre la revendication d'un quota de députés homosexuels, ou d'origine étrangère, ou de telle ou telle confession religieuse.

Les notions d'action affirmative ou de parité s'inscrivent donc dans la perspective féministe actuelle qui s'attache à rechercher les voies d'une égalité entre les sexes qui ne gomme plus leur différence mais au contraire se fonde sur elle. Cette approche se présente comme plus réaliste, puisqu'elle n'entend plus oblitérer des différences qui existent. Si elle était vraiment suivie, elle permettrait peut-être enfin la mythique « égalité concrète ». Mais, dans la mesure où toute différence officiellement reconnue tend à être source en fait, de discriminations, l'adoption de cette démarche est, à l'expérience, dangereuse. Ainsi, par exemple, les congés de maternité sont l'exemple-type de la mesure justifiée par la différence sexuelle, qui sont indispensable dans une perspective d'égalité concrète des sexes, car ce serait lourdement pénaliser les femmes que de les obliger à maintenir leur activité professionnelle lors de leur maternité. Cependant, chacun connaît le rôle de repoussoir que jouent les congés liés à la vie familiale au moment de l'embauche des femmes.

En définitive et à l'expérience, les législations qui assurent le mieux l'égalité des sexes sont celles qui suscitent, voire imposent, un partage entre les deux parents de l'absentéisme résultant des obligations familiales, c'est-à-dire qui se fondent sur l'indifférenciation des rôles aussi bien au niveau du travail que de la famille.

Une dernière remarque doit être formulée pour clore cette présentation générale de la problématique de l'égalité des sexes. C'est que la recherche de l'égalité se fait presque toujours au prix d'un certain risque pour la femme. La promotion de l'égalité des sexes s'accompagne nécessairement d'une augmentation des responsabilités de la femme. Le statut d' « éternelle mineure » présentait des avantages et garanties aujourd'hui disparus, par exemple en matière patrimoniale. Le doyen René Savatier n'avait-il pas intitulé un article sur la promotion des droits de l'épouse : « *La finance ou la gloire* » ? (*Recueil Dalloz*, 1965, chron. p. 135).

L'égalité des sexes doit donc d'abord être étudiée dans le cadre familial, parce que c'est là que gisent les origines des inégalités.

L'égalité des sexes sera ensuite examinée dans le monde de l'emploi. Si les femmes ont conquis leur liberté, c'est par l'exercice d'une activité professionnelle leur conférant une autonomie à la fois morale et économique. Mais c'est aussi dans ce domaine que les méandres de l'égalité des chances, des discriminations positives et des actions affirmatives, donnent plus l'image d'une collection d'inégalités parcellaires en sens inverses que de l'égalité concrète.

Il restera enfin à étudier l'égalité des sexes dans le reste de la vie sociale, en particulier mais pas seulement dans la vie politique, car c'est peut-être dans cet ensemble d'images sociales peu juridicisées mais prégnantes dans l'inconscient collectif que se trouvent, aujourd'hui, les plus tenaces stéréotypes sexistes.

Ces trois dimensions de droit français de la fin du XXe siècle sont indissociables du long historique qui en a permis l'émergence, et du contexte international qui en montre la contingence. Mais ces deux dimensions ne peuvent, dans le cadre d'un « Connaissance du droit » qu'être vues de façon allusive.

Lire aussi : BADINTER (É.), *L'un est l'autre,* éd. O. Jacob, 1986 ; DUBY (G.), PERROT (M.), *Histoire des femmes,* Plon, t. 1 à 5, 1994 ; EPHESIA (collectif), *La place des femmes : les enjeux de l'identité et de l'égalité au regard des sciences sociales,* éd. La Découverte, 1995 ; FRAISSE (G.), *La différence des sexes,* P.U.F., coll. Philosophies, 1996 ; HÉRITIER (F.), *Masculin/féminin. La pensée de la différence,* éd. O. Jacob, 1996.

CHAPITRE 1

L'égalité des sexes au regard des droits personnels et familiaux

L'égalité des sexes dans la famille est-elle un idéal hors d'atteinte ? La question mérite d'être posée, tant il est difficile de trouver les moyens juridiques appropriés pour traiter « également » les faits biologiques différents que sont la maternité et la paternité. Une constante historique mérite d'être notée : c'est que les restrictions de droits ou de libertés infligées à la femme sont toujours plus ou moins liés à sa situation matrimoniale, présente ou future. Ainsi, en droit romain, c'est le mariage *cum manu* qui mettait la femme sous la dépendance de son époux. Son remplacement par le mariage *sine manu* permit à la femme, libérée de la puissance maritale, d'être capable juridiquement. Dans l'Ancien droit français, puis sous l'empire du code civil, la femme mariée subissait une incapacité juridique, plus ou moins étendue, mais la « fille majeure » était pleinement capable, de même d'ailleurs que la veuve.

Ce sont donc l'égalité ou l'inégalité au sein du couple (Section 1), et en tant que parents (Section 2) qui sont les expressions principales de l'égalité des sexes.

SECTION 1
L'égalité au sein du couple

Cette égalité se décline successivement lors de la constitution du couple (§ 1), pendant sa durée (§ 2) et au moment de sa dissolution (§ 3).

§ 1. *La constitution du couple*

Il ne peut ici s'agir que des unions légales, les situations de fait n'étant soumises à aucune règle juridique lors de leur formation. Mais l'on ne voit pas comment, en droit, l'égalité des sexes pourrait être menacée par la création d'une union libre.

Deux règles majeures, fondatrices de la société française, doivent ici être énoncées :
— la liberté matrimoniale,
— l'interdiction de la polygamie.

Il faut y ajouter le refus très net du droit français de cautionner des pratiques tendant à contrôler la sexualité des jeunes filles, afin de préparer leur futur mariage.

La *liberté matrimoniale* était un principe bien connu du droit français de nombreux siècles avant qu'elle ne soit consacrée en tant que droit de l'Homme dans la Convention européenne des Droits de l'Homme. Elle a été imposée par l'Église catholique, qui s'est toujours opposée aux mariages forcés. Elle suivait, en cela la tradition du droit romain qui exigeait le consentement personnel de la future épouse. Par contre, les droits germaniques connaissaient une forme de mariage par achat de l'épouse. En tous cas, depuis le haut Moyen Âge, le consentement personnel des futurs époux, et en particulier des futures épouses, est indispensable à la validité de l'union matrimoniale.

Cette liberté est actuellement un principe d'ordre public, qui s'impose à tous, même aux étrangers vivant en France. Ainsi, la crainte de certaines jeunes filles d'origine maghrébine d'être emmenées dans leur pays d'origine pour y être mariées contre leur gré peut justifier — si le juge des enfants l'estime fondée — un placement en foyer à leur demande au titre de l'assistance éducative.

À l'inverse, les interdictions de se marier ou de se remarier parfois contenues dans certains testaments ou dans certains contrats de travail sont en règle générale illicites. Cela a été jugé, en particulier, à propos des interdictions de se remarier qui frappaient les enseignantes d'établissements scolaires confessionnels. On constate, en effet, que ces clauses visent habituellement les femmes et quasiment jamais les hommes.

L'interdiction de la polygamie est l'autre angle sous lequel le droit français se montre radicalement égalitaire. Dans la conception occidentale du mariage, la polygamie est rigoureusement interdite à raison de son caractère essentiellement inégalitaire. En aucun cas une union polygamique ne peut être valablement contractée par un français (ou une française). Si, à une époque relativement récente, un esprit d'ouverture envers d'autres cultures ou traditions a pu laisser supposer une certaine tolérance au regard d'unions polygamiques contractées par des ressortissants étrangers, la tendance s'est radicalement inversée dans les toutes dernières années. Actuellement, au regard du droit des étrangers et de la nationalité, les ménages polygames ne sont pas considérés comme des « familles », et ceci aussi bien pour la législation française (V. L. 24 août 1993 et 24 avr. 1997) que pour la Cour de justice européenne des Droits de l'Homme (C.E.D.H. 29 juin 1992, *Rahia Bibi / RU*).

Il paraîtra peut-être illogique que le droit français accepte de conférer certaines conséquences juridiques à un concubinage adultérin, et refuse radicalement la polygamie. L'explication est que le concubinage demeure de l'ordre des faits et ne se situe pas sur le même plan que le mariage qu'il ne peut donc pas concurrencer. Par contre, il est notable que tous les projets de contrat d'union civile ou sociale sont radicalement interdits aux personnes mariées, précisément parce que leur reconnaissance dans l'ordre des structures juridiques les mettrait en conflit avec le mariage.

Quant au *refus d'autoriser le contrôle par la famille ou le futur mari de la sexualité des jeunes filles,* il est apparu dans la répression des excisions et devrait aussi induire un rejet des certificats de virginité.

L'*excision* est une coutume africaine, abusivement rattachée à l'Islam, qui consiste en une ablation du clitoris pratiquée lorsque la petite fille est encore très jeune. Le but de cette mutilation est de contrôler la sexualité féminine, en faisant disparaître le plaisir sexuel. Cette coutume fait l'objet d'une vive contestation dans les pays africains eux-mêmes, et l'Égypte a récemment connu des épisodes successifs d'autorisation et d'interdiction dans les établissements hospitaliers. Après une période de relative tolérance, au nom du respect des coutumes étrangères, les institutions françaises ont adopté une attitude de refus sans nuances. Ainsi est-elle qualifiée de mutilation, entraînant vingt années de réclusion criminelle (C. pén., art. 222-9 et 222-10 ; V. Crim. 20 août 1983 et 9 mai 1990). Une décision du tribunal administratif de Lyon, en date du 12 juin 1996, l'a qualifiée de « traitement inhumain et dégradant » au sens de la Convention européenne des Droits de l'Homme et a annulé l'expulsion d'une Guinéenne en situation irrégulière, au motif que le retour dans son pays aurait entraîné l'excision de ses deux filles de trois et six ans.

Une autre pratique issue des milieux islamiques est celle des *certificats de virginité* qui sont exigés des jeunes filles au moment de leur mariage. Le Conseil de l'Ordre des médecins français a déclaré dans un avis de décembre 1995 que ces certificats constituent une violation du respect de la vie privée de la femme et du secret professionnel à son égard si elle est mineure, et n'ont de toute façon aucune justification médicale. Il a donc prescrit de les refuser. Reste que certains médecins acceptent d'en délivrer, et qu'une pratique de réfection d'hymens se développe. Ces pratiques fort douteuses tant au regard du droit médical qu'à celui de la Tradition islamique sont, en tous cas, radicalement attentatoires à l'égalité des sexes puisqu'il n'est évidemment pas question d'exigences symétriques pour les futurs maris.

§ 2. *L'organisation de la vie en couple*

Il y a peu à dire sur l'égalité des sexes dans les concubinages. Il n'existe aucune loi sur les rapports entre concubins, et, dès lors, seule l'égalité générale des hommes et des femmes peut gouverner leurs rapports réciproques.

Bien évidemment, il se peut qu'en fait, les relations ne soient pas vécues sur un mode égalitaire, que l'un des deux impose sa volonté ou brutalise l'autre, que l'un assume toutes les dépenses communes pendant que l'autre économise à son seul profit, que l'un se dévoue dans l'exploitation d'une exploitation appartenant à l'autre sans recevoir aucune compensation financière. C'est alors après coup, au moment de la séparation, ou du décès, que les comptes seront plus ou moins bien réglés, et que le droit sera appelé pour compenser ce genre d'inégalités. Ainsi, par exemple, le code pénal actuel assimile-t-il le concubin à l'époux pour aggraver les peines applicables en cas de violences (art. 222-8, 6°). Mais il s'agit toujours de réparer les inégalités de fait, et non pas d'organiser les droits respectifs.

Le droit du mariage, au contraire, réglemente dans tous leurs détails l'ensemble des aspects de la vie commune, tant personnels que patrimoniaux. L'émergence du principe d'égalité des époux a été lente, et sa consécration actuelle laisse subsister quelques îlots inégalitaires.

A. L'émergence historique de l'égalité des époux

L'inégalité des époux avait une double racine : d'une part, l'idée de faiblesse de la femme, qui devait donc être protégée, exprimée par l'expression latine « *imbecillitas sexus* », et d'autre part, le souci de l'unité dans la direction du foyer. Cette dualité explique les complexités de l'évolution historique des rapports entre époux, car nombre de solutions inégalitaires furent maintenues dans le souci de la cohésion du ménage alors même que, au plan des principes, l'infériorité de la femme n'était plus érigée en règle.

On ne remontera historiquement qu'au Code Napoléon (1804), puisqu'il marque l'origine du droit civil moderne. Même si le devoir de secours et d'assistance ainsi que l'obligation de fidélité étaient réciproques, le mariage y était conçu comme une union radicalement inégalitaire, tant au regard des relations personnelles entre époux que dans leurs rapports patrimoniaux. Ainsi, le domicile des époux était choisi par le mari, lequel était tenu d'y recevoir sa femme. Cette dernière lui devait expressément « obéissance ». L'adultère de l'épouse était sanctionné pénalement quelles qu'en soient les circonstances, alors que celui du mari n'était punissable que s'il y avait entretien d'une maîtresse au domicile conjugal. De plus, le mari qui, surprenant son épouse en flagrant délit, tuait le ou les coupables était excusé et n'encourait aucune peine, alors que l'épouse dans les mêmes circonstances voyait simplement sa peine adoucie par le jeu des circonstances atténuantes.

Financièrement, tout reposait nécessairement sur le mari, puisque la femme était juridiquement incapable. Dans le régime légal de communauté, le mari gérait l'ensemble des biens de la famille, y compris ceux de la femme mais il ne pouvait cependant aliéner les biens propres de l'épouse qu'avec l'accord de celle-ci. Même dans le régime de séparation de biens, où la femme était théoriquement maîtresse de ses biens, elle ne pouvait qu'accomplir des actes peu graves, et devait demander l'autorisation du mari ou du tribunal pour tout acte important. Corrélativement, l'obligation de contribuer aux charges du ménage pesait sur le seul mari.

L'honnêteté impose de préciser que d'importantes garanties pécuniaires limitaient la toute-puissance du mari sur les biens du ménage et même sur ceux de la femme, et qu'il était responsable de sa gestion. S'il dilapidait les biens de l'épouse, celle-ci pouvait demander la séparation judiciaire de biens, et faire jouer l'hypothèque légale qui portait sur les biens du mari.

Enfin, la soumission de l'épouse donnait au mari le droit de contrôler tous ses faits et gestes, d'ouvrir son courrier, de lui interdire les fréquentations qu'il désapprouvait. À l'époque, il était évidemment pas question que la femme exerce une activité professionnelle sans l'accord du mari, lequel avait le droit de percevoir son salaire et de le gérer ! Une disposition particulière du code de commerce reconnaissait néanmoins la capacité juridique à l'épouse « marchande publique », dès lors, bien sûr, que le mari l'avait autorisée à exercer son commerce.

Ce système durera à peu près tout le XIXe siècle. C'est en 1881 que les femmes mariées recevront le droit d'ouvrir et de gérer seules un livret de Caisse d'épargne, et en 1907 que sera votée la loi sur « le libre salaire de la femme mariée ». Dans un cas comme dans l'autre, les pouvoirs conférés à l'épouse étaient destinés non pas tant à assurer son autonomie, qu'à lui laisser la liberté d'économiser ou de dépenser pour les besoins du ménage un argent qu'à l'expérience les maris dilapidaient trop souvent...

C'est seulement par la loi du 18 février 1938 que la femme mariée verra supprimer son incapacité juridique, de même que le devoir d'obéissance et la « puissance maritale ». Encore cette nouvelle capacité était-elle largement illusoire, le régime matrimonial légal ne laissant à l'épouse aucun bien sur lequel elle puisse agir. Le mari demeurait « chef de famille ». La loi du 22 septembre 1942 complétera cette réforme en instaurant un système qui associait la femme à la direction de la famille mais aussi à ses charges financières, qui lui permettait de remettre en cause judiciairement certaines décisions nocives pour la famille, ainsi que de remplacer le mari empêché ou absent (mesure particulièrement utile en temps de guerre).

À titre d'exemple illustrant le mode de fonctionnement de cette législation, on citera le « mandat domestique » de la femme mariée. Cette construction légale était censée résoudre l'incohérence juridique résultant de ce que l'épouse assurait l'ensemble des achats quotidiens, alors que le mari était seul habilité à gérer l'argent du ménage, étant chef de la communauté qui comprenait tous les revenus du foyer (à l'exception des salaires de la femme). La loi de 1942 créa une fiction juridique selon laquelle le mari avait donné mandat à l'épouse pour accomplir ces dépenses. Ainsi la femme pouvait-elle valablement faire son marché (!) Mais cette indépendance n'était qu'apparente, puisque la femme, en réalité, contractait au nom et pour le compte du mari. Elle ne s'engageait pas personnellement. Bref, juridiquement, elle demeurait transparente, évanescente, inexistante. Et l'épouse dépensière pouvait se voir retirer son mandat domestique !

On insistera sur le fait que cette législation dura encore vingt ans après que les femmes aient reçu le droit de vote (en 1944). Admises au Barreau, à la magistrature, médecins ou architectes, voire ministres, les femmes n'étaient plus considérées comme incapables, au sens commun et/ou juridique de ce terme. Mais subsistait l'idée que l'unité dans la direction du ménage était garante de la stabilité de l'union, de la paix du ménage, bref, du bonheur du foyer. Et, s'il ne devait y avoir qu'un seul chef dans le ménage, ce ne pouvait être que le mari !

C'est cet état d'esprit qui explique les insuffisances de la loi réformant les régimes matrimoniaux du 13 juillet 1965. Certes, l'épouse fut autorisée à ouvrir librement un compte en banque ; elle n'eut plus à demander l'autorisation maritale pour exercer une profession. Disparut aussi le « mandat domestique » : pour les achats quotidiens, chaque époux reçut un pouvoir autonome lui permettant d'engager solidairement l'autre conjoint. La femme conserva la libre gestion des « biens réservés » acquis avec ses revenus professionnels. Enfin, le mari n'eut plus le droit d'effectuer des actes graves sur les biens communs sans son accord.

Mais la loi continuait de consacrer un système asymétrique. Ainsi, la contribution aux charges du mariage du mari était prévue en argent, celle de la femme pouvait s'effectuer par son activité ménagère. Le logement commun était au lieu choisi par les époux, en cas de désaccord au lieu choisi par le mari. Surtout, le mari demeurait le chef de famille et le chef de la communauté. Sans doute la femme avait-elle récupéré le pouvoir de gérer ses biens propres (c'est-à-dire ceux qu'elle avait acquis avant son mariage ou a reçu de sa famille). Mais tous les revenus du ménage, y compris les revenus des biens propres de la femme et à la seule exception de ses salaires, « tombaient en communauté » et étaient gérés par le mari. Même les salaires de la femme, qui devaient théoriquement rester à sa libre gestion, avaient toutes les chances d'êtres confondus avec d'autres revenus, en particulier s'ils étaient encaissés sur un compte bancaire joint. Or, en cas de doute, la présomption de communauté conférait au mari un droit de gestion exclusif.

Le « chef de famille » disparaîtra par l'effet de la loi du 4 juin 1970 relative à l'autorité parentale. On relèvera d'ailleurs, que son fantôme est encore bien encombrant, en particulier dans les formulaires administratifs... La loi relative au divorce du 11 juillet 1975 supprimera les séquelles inégalitaires concernant le choix du domicile familial et la contribution aux charges du mariage.

Mais le « chef de la communauté » survivra jusqu'à la fin de l'année 1985.

B. Une égalité sujette à éclipses

C'est, en effet, seulement par l'effet de la loi du 23 décembre 1985, réformant une fois encore les régimes matrimoniaux, que les époux deviendront véritablement égaux au regard de la loi. Non seulement le « chef de la communauté » disparaît, laissant la place à deux époux dotés de pouvoirs égaux et concurrents sur les biens communs, mais toute référence au sexe des conjoints disparaît de la loi. Le droit des relations tant personnelles que pécuniaires entre les époux devient totalement identique pour les deux membres du couple. Entre temps, un certain nombre de conséquences juridiques du mariage, telles l'influence du mariage avec un(e) français(e) sur la nationalité du conjoint, ou le bénéfice des assurances sociales « du chef » du conjoint ou concubin, ont été bilatéralisées.

Ce mouvement législatif égalitaire a été accompagné par des évolutions jurisprudentielles parallèles. Ainsi, la chambre criminelle, dans plusieurs arrêts (Crim. 17 juill. 1984 ; Crim. 5 sept 1990) de même que la Cour européenne des Droits de l'Homme (le 22 nov. 1995) ont jugé que le fait, pour un mari, d'imposer des relations sexuelles à son épouse par violence ou contrainte est constitutif du crime de viol et passible à ce titre de la cour d'assises, alors que la jurisprudence du XIXe siècle, et même du début du XXe estimait que le mari était en droit d'imposer de force l'exécution des « devoirs du mariage ». De même, il n'est plus possible aujourd'hui de forcer l'épouse à revenir au domicile conjugal. Il n'y a plus aucun droit de contrainte du mari sur la femme. Si cette dernière se comporte de manière reprochable, la seule voie juridique ouverte au mari est désormais une demande en divorce pour faute.

Si l'égalité est donc largement consacrée, il faut cependant nuancer ce tableau.

D'abord, il faut bien relever que le droit est encore largement en avance sur les mœurs. L'une des manifestations les plus évidentes de cette discordance est la difficulté pour les épouses de se faire appeler par leur « nom de jeune fille » (V. Chapitre 3).

Ensuite, il faut relever qu'égalité ne signifie pas forcément indépendance, bien au contraire. En effet, une parfaite égalité juridique peut s'avérer fort préjudiciable à la femme si celle-ci n'a pas de revenus personnels et dépend économiquement de son mari. Ainsi, le régime de séparations de biens assure une indépendance et une égalité parfaites. Mais il laisse sans aucune ressource et sans aucun capital l'épouse qui n'avait pas de biens personnels et s'est dévouée pendant toute la vie conjugale au service des enfants communs, voire de l'entreprise du mari. Dans le cas particulier de *collaboration conjugale*, c'est-à-dire pour le conjoint qui a travaillé professionnellement dans l'entreprise de son époux sans recevoir de rémunération (et l'on sait qu'il s'agit le plus souvent de la femme), une multiplicité de palliatifs a dû être mise en place pour corriger quelque peu les injustices financières auxquelles conduisait ce régime, pourtant théoriquement égalitaire.

Le régime de communauté de biens, qui s'applique à tous les époux n'ayant pas fait de contrat de mariage, évite ce risque puisqu'il assure un partage égalitaire de l'ensemble des « acquêts » communs effectués pendant la durée du mariage. Chaque époux est donc assuré de partager l'enrichissement de l'autre. Pendant le mariage, la loi a tenté de concilier l'inconciliable, en permettant à chacun de gérer librement tant ses salaires que ses biens propres, et en associant les époux pour la gestion des biens communs. Il n'en demeure pas moins qu'en définitive, le conjoint qui a des revenus personnels a une autonomie bien plus effective que l'autre, par exemple lors des demandes de crédit bancaire. Et, par ailleurs, la nécessité d'obtenir le consentement de l'autre conjoint pour les actes « graves » grève sérieusement la liberté de chacun. Ainsi, si l'un des conjoints crée et gère seul un fonds de commerce pendant la durée du mariage, il ne pourra seul ni le vendre, ni l'apporter à une société, même si l'autre époux n'a jamais participé en quoi que ce soit à l'exploitation de ce fonds.

Plutôt que de détailler l'ensemble des règles organisant la vie conjugale, il paraît plus important d'insister sur le fait que nombre de dispositions destinées à améliorer les droits des femmes, en compensant leur manque de revenus personnels par un pouvoir d'engagement des ressources provenant du mari se sont, à l'expérience, retournées contre elles un jour ou l'autre. L'exemple le plus net est certainement la solidarité ménagère déjà évoquée. Certes, elle permet aux femmes de passer librement commande d'équipement électroménager, de souscrire un abonnement E.D.F. ou d'inscrire un enfant à une école privée payante. Mais en contrepartie, combien d'épouses ont dû faire face aux dépenses excessives (de voitures, par exemple...) d'un mari parfois enfui ? De même, la loi « Roudy » du 10 juillet 1982 avait pour but d'inciter les femmes à participer aux S.A.R.L. dans lesquelles le mari était associé, afin de donner un statut juridique à la collaboration professionnelle informelle, mais elle a pu avoir pour résultat d'imposer la présence importune du mari qui s'introduisit de force pendant le cours d'une procédure de divorce, dans une société à laquelle participait son épouse (Com. 18 nov. 1997).

Autrement dit, aucune technique juridique, si sophistiquée soit-elle ne peut tout à la fois promouvoir l'égalité des époux, compenser les inégalités de revenus entre eux, et assurer leur réciproque indépendance. Dans les ménages unis, l'égalisation des situations s'opère par la mise en commun généralisée des besoins et des ressources et leur gestion d'un commun accord. Mais, dès lors que s'installe la discorde, les inégalités économiques sous-jacentes reparaîtront en pleine lumière.

Ceci est particulièrement vrai lorsque l'union se dissout.

§ 3. *La dissolution de l'union*

La dissolution du couple peut résulter de sa séparation, ou du décès de l'un de ses membres.

A. La séparation du couple

Il y a évidemment beaucoup plus à dire sur le divorce que sur la séparation des concubins. L'union libre a précisément pour caractéristique de pouvoir être rompue à tout moment sans préavis ni indemnité.

Le caractère égalitaire du droit relatif à la dissolution du couple est fermement affirmé, en droit français, depuis plus d'un siècle. On ignore trop souvent, en effet, que la loi Naquet du 27 juillet 1884, rétablissant le divorce, ne distinguait pas les fautes selon le sexe des époux. En particulière, l'adultère qui était une « cause péremptoire » de divorce, fut toujours entendu de la même façon pour le mari et pour l'épouse. Si l'épouse parvenait à prouver l'adultère du mari, fût-ce une seule fois et même si les conditions restrictives du Code pénal n'étaient pas remplies, le divorce à son profit était de droit. La seule inégalité résidait dans les modes de preuve, puisque le plus courant résultait de constats de police dressés pour constater l'infraction : or, ces constats ne pouvaient être dressés que dans le cadre précis du délit pénal. Cette inégalité fut palliée par la pratique des « constats d'adultère » à fins civiles, dressés par des huissiers sur autorisation du président du tribunal.

Le caractère égalitaire du divorce français s'oppose également de plein fouet à l'admission des répudiations unilatérales émanant du mari, qu'elles soient issues du droit musulman ou du *Guet* israélite. Les tribunaux français adoptent à cet égard une attitude de plus en plus ferme.

La répudiation n'a jamais été admise, ni lorsque les époux français sont en cause, ni pour des divorces demandés par des époux étrangers devant les tribunaux français. Mais, lorsqu'un mari étranger répudiait son épouse en conformité de sa loi nationale devant une instance étrangère, les tribunaux français acceptaient de faire produire certains effets à cette procédure, dès lors que les droits de la femme n'avaient pas été totalement bafoués. Ainsi, par exemple, l'épouse n'était-elle pas admise devant les tribunaux français à demander une contribution aux charges du mariage si elle avait accepté l'indemnité proposée par le mari lors de la répudiation. Cette solution était conforme aux engagements internationaux souscrits par la France envers certains pays du Maghreb (V. par ex. Convention franco-marocaine du 10 août 1981).

Cette attitude souple est désormais caduque : un arrêt de la Cour de cassation, du 11 mars 1997 vient de décider que le principe d'égalité des époux, résultant du Protocole additionnel n° 7 à la Convention européenne des Droits de l'Homme exclut que la répudiation soit reconnue en France, à quelque titre que ce soit. La Convention européenne est jugée supérieure à la convention bilatérale conclue entre la France et le Maroc en ce qu'elle pose des « principes supérieurs » constitutifs d'un ordre public indérogeable. Désormais, les femmes répudiées à l'étranger seront considérés par le droit français comme toujours mariées, ce qui leur ouvre, entre autres possibilités, celle de faire prononcer le divorce par les tribunaux français selon la loi française.

Or, cette loi française est rigoureusement égalitaire. Le code civil actuel, dans la rédaction que lui a donnée la loi du 11 juillet 1975, ne pose aucune distinction selon le sexe des époux, ni dans les causes, ni dans les effets du divorce. Si les fautes reprochées aux femmes ne sont pas tout à fait les mêmes que celles des maris, c'est une question de fait, tenant essentiellement à des représentations stéréotypées des rôles familiaux qui sont d'ailleurs plus le fait des divorçants que des juges.

La seule disposition sexuée est celle de l'article 264 du code civil, prévoyant que l'épouse puisse conserver l'usage du nom de son ancien mari avec l'accord de ce dernier ou l'autorisation du juge. On constate, encore une fois, que la dernière trace d'inégalité juridique concerne le nom de l'épouse.

Mais les plus importantes inégalités résultent des situations concrètes des divorçants. Outre celles qui sont liées à la situation de parents (V. *infra*, section suivante), ce sont toutes les différences de situation économique et professionnelle que le divorce — ou plus largement la séparation — va faire ressortir. La vie en commun, qu'elle soit ou non fondée sur un mariage, assurait une égalisation entre les situations respectives de l'homme et de la femme. Elle masquait aussi les différences entre les femmes mariées et non mariées.

La séparation en mettant fin à cette égalisation, jette une lueur crue sur les discriminations entre hommes et femmes et entre femmes de statut matrimonial différent.

Si il s'agit d'un divorce, une prestation compensatoire vient en principe atténuer la différence de condition de vie entre les ex-époux, à moins que l'époux qui subit une détérioration de sa situation matérielle soit également celui aux torts exclusifs duquel le divorce est prononcé. Sur le principe, on peut critiquer le principe de prolongation de la dépendance économique entre personnes désormais étrangères l'une à l'autre, ou, au contraire, faire valoir que cette prestation ne compense que très faiblement l'ensemble des sacrifices souvent consentis par l'épouse. Il faut d'ailleurs noter que la loi permet, à titre exceptionnel, d'accorder une indemnité au conjoint fautif lorsqu'il a collaboré longuement et sans rémunération à l'activité professionnelle de l'autre.

Quoique le texte soit neutre, il vise à l'évidence la femme qui a sacrifié carrière et projets personnels pour se dévouer au service de l'entreprise de son mari.

Quant aux modalités de cette prestation, en dehors de quelques rares versements en capital, éventuellement dans le cadre du partage des biens autrefois communs, il s'agit le plus souvent de rentes de faible montant et irrégulièrement payées, qui ne corrigent pas vraiment la disparité des situations respectives des ex-conjoints. De plus, le caractère forfaitaire de la prestation, voulu par le législateur dans le but d'éviter les incessantes remises en cause de l'ancienne pension alimentaire, peut être source d'injustices. Ainsi la prestation ne pourra-t-elle que très difficilement être augmentée si la situation de la créancière s'aggrave. Le caractère forfaitaire s'oppose aussi à ce que l'ex-mari fasse diminuer la prestation s'il a de nouvelles charges, en particulier s'il fonde une nouvelle famille. La seconde épouse et les enfants du second lit devront alors indirectement contribuer à l'entretien de la première. Enfin, la charge de la prestation passant, en cas de décès du débiteur, à ses héritiers, il peut advenir que la seconde épouse ou les enfants du second lit soient amenés à continuer de payer une rente à l'épouse divorcée...

Tout ceci n'est pas satisfaisant, mais il faut bien voir que ce qui est en cause n'est pas tant l'imperfection des lois, que la situation de dépendance économique des femmes par rapport aux maris, qui ne peut que les laisser en situation d'extrême faiblesse si l'union se dissout. De ce point de vue, les perspectives de divorce non judiciaire peuvent être inquiétantes, si aucun contrepoids n'est trouvé à la fragilité de la situation de l'épouse. L'expérience a, en effet, montré que le divorce par consentement mutuel, bien que soumis au contrôle du J.A.F. (juge aux affaires familiales), n'a pas toujours protégé les femmes, parfois prêtes à tous les abandons pécuniaires pour conserver la « garde » des enfants. L'abandon de cet ultime garde-fous peut laisser craindre de graves dérives.

Encore les épouses sont-elles avantagées, les femmes ayant vécu en union libre étant totalement privées de toute compensation pécuniaire. Les différents projets de contrat d'union civile ou sociale ne comportent pas d'innovation sur ce point. Même si la rupture de ces pactes est contrôlée, en particulier lorsqu'elle ne résulte pas d'un commun accord, il n'est pas envisagé de dommages-intérêts au bénéfice de l'un des partenaires.

Les mêmes inégalités se retrouvent lorsque l'union est dissoute par décès.

B. Le décès de l'un des membres du couple

La veuve est l'une des figures éponymes du malheur depuis la plus haute Antiquité, car le décès de son mari la laisse sans ressources et sans protection. Il est d'ailleurs intéressant de noter que le mot « veuf » est l'un des rares mots masculins à s'être formé à partir d'un mot féminin préexistant. Dans l'Ancien Droit, les droits des veuves et ceux des veufs n'étaient pas symétriques : ainsi les pays de coutume lui reconnaissaient-ils un « douaire », droit viager sur les biens du mari décédé. Encore actuellement, les systèmes juridiques d'inspiration islamique ne reconnaissent pas non plus l'égalité des droits successoraux entre hommes et femmes.

Mais, en France, depuis le Code Napoléon, le droit civil ne connaît que des « conjoints survivants » dont le sexe est indifférent.

Comme la séparation, le décès de l'un des membres du couple donne lieu à l'application de règles qui ne sont donc pas en elles-mêmes inégalitaires (sauf rares exceptions), mais ne peuvent que laisser éclater au grand jour les discriminations entre les situations socio-économiques des épouses et des maris, et entre les femmes mariées ou non mariées. Il faut aussi noter la discordance latente entre des textes égalitaires, et une situation sociologique très marquée, au contraire, par la différence entre les sexes. La moyenne de durée de vie est, en effet, actuellement, plus longue d'environ huit ans pour les femmes que pour les hommes. Il y a donc beaucoup plus de veuves que de veufs.

Grosso modo, l'on peut dire que le décès fait jouer deux ordres de règles : celles du droit civil concernant la dévolution et le partage du patrimoine du défunt, et celles du droit social, en particulier au regard des retraites.

En droit civil, le décès d'une part entraîne la dissolution du régime matrimonial, et donc le partage des biens du ménage, et, d'autre part, ouvre la succession.

Si les époux étaient mariés sans contrat de mariage, le conjoint survivant (qui répétons-le, est statistiquement une veuve) a donc droit, au titre du partage de la communauté à la moitié des acquêts réalisés pendant la durée du mariage. L'autre moitié est comprise dans la succession, qui comporte aussi les biens propres du défunt. Les époux peuvent aussi avoir choisi un régime de communauté universelle donnant au survivant la propriété de l'ensemble des biens du ménage. Mais l'adoption de ce régime en cours de mariage est subordonné à l'autorisation du juge, lequel demande souvent l'accord des enfants.

Dans la succession du défunt, les droits de la veuve, s'il n'y a pas de testament ni de donation, dépendent de l'existence ou de l'absence d'autres héritiers. En présence d'enfants, communs ou non, légitimes ou naturels, la loi fixe actuellement la part de la veuve à 1/4 en usufruit, le reste étant dévolu aux enfants. S'il n'y a pas d'enfant mais des frères et sœurs ou les père et mère du défunt, l'usufruit sera de moitié, mais la propriété des biens ira à la famille du défunt. Le conjoint n'héritera en pleine propriété que si le défunt ne laisse ni enfant, ni frère, ni sœur. S'il ne laisse que l'un de ses père et mère, la succession sera partagée par moitié entre ce dernier et le conjoint. Par contre, s'il y a un enfant adultérin, la moitié de la part qu'il aurait eue s'il avait été légitime ira au conjoint survivant. En tout état de cause, la succession doit assurer à la veuve le minimum nécessaire pour vivre.

Il est possible aux conjoints d'améliorer notablement la situation du conjoint survivant, par donation ou testament, et de lui laisser l'intégralité de la succession, mais en usufruit seulement. Le conjoint jouit donc de tous les biens jusqu'à sa mort, mais ne peut pas en disposer, car les enfants sont héritiers réservataires.

Des projets de réforme sont à l'étude, depuis plusieurs années, tendant d'une part à améliorer sensiblement la situation « ab intestat » du conjoint survivant, et, d'autre part, à lui assurer en toute hypothèse le maintien dans ses conditions d'existence antérieures.

Mais il faut bien reconnaître que l'instabilité des couples et la fréquence des recompositions familiales sont des arguments sérieux à l'encontre de toute augmentation légale de droits qui pourrait se révéler injuste ou spoliatrice dans certaines circonstances, et pour laisser, comme maintenant, aux époux le soin d'organiser la transmission du patrimoine au mieux des intérêts de la famille.

Pour les couples non mariés, les problèmes sont assez différents. D'abord, aucune règle n'organise le partage des biens « communs », ni la participation du survivant à l'enrichissement du prédécédé. Les biens acquis en indivision seront partagés par moitié. Selon les circonstances, les tribunaux reconnaîtront parfois l'existence d'une « société créée de fait », ou accorderont à la concubine survivante une indemnité d' « enrichissement sans cause » s'ils elle avait participé à l'exploitation de l'entreprise du défunt. Ces acrobaties juridiques nécessitent, de toute façon, le recours au juge, ce qui en limite fortement l'intérêt.

Au titre des droits de succession, le concubin survivant n'a droit à rien, n'étant pas un héritier. Le pire est que le défunt pourrait librement lui donner la « quotité disponible », c'est-à-dire la portion de biens qui n'est pas « réservée » aux enfants, et même tout s'il n'y a pas d'héritier réservataire, mais le fisc, estimant qu'il l'agit de libéralités à un étranger, les taxe à 60 % !

Les solutions envisageables pour éviter cette taxation spoliatrice sont complexes, imparfaites, et parfois dangereuses. Ainsi, la « tontine » qui permet d'acheter ensemble un immeuble en stipulant qu'il appartiendra en totalité au survivant, présente deux inconvénients : le premier est que le fisc n'a prévu une taxation modérée que pour les immeubles d'une valeur inférieure à 500 000 F. Le second est que le bien est radicalement impartageable si le couple se sépare : la seule solution est alors de vendre l'immeuble pour en partager le prix.

Il s'agit là du plus grave inconvénient du concubinage, qui incite d'ailleurs nombre de couples fort âgés et parfois fort anciens à se marier « *in extremis* » à des fins non pas tant successorales que surtout fiscales. C'est l'un des inconvénients que pourrait pallier le contrat d'union civile et sociale, qui, dans ses diverses versions, prévoit toujours l'assimilation du « Cusiste » au conjoint survivant au regard du droit des successions et des libéralités. Mais c'est aussi certainement l'un des points qui risque de faire difficulté lors de la discussion du projet, tant les fraudes fiscales peuvent être redoutées...

Au regard du droit social, la problématique est fort similaire, même si les enjeux sont bien différents.

Entre époux, la principale question est celle de la réversion de la pension du prédécédé. Créée au départ pour assurer aux veuves n'ayant pas de retraite personnelle un minimum vital, les pensions de réversion se sont progressivement bilatéralisées, et peuvent, en principe, bénéficier aux veufs dans les mêmes conditions d'âge et de revenus qu'aux veuves. Pour éviter des mariages « *in extremis* » la réversion de la retraite ne bénéficie au conjoint survivant que si le mariage a duré au moins deux ans, sauf si un enfant est issu de l'union. Par contre, elle profite également au conjoint divorcé, s'il n'est pas remarié. La retraite de réversion est, éventuellement, partagée entre le conjoint divorcé et le conjoint survivant au prorata de la durée des mariages respectifs, ce qui peut aboutir à des montants bien faibles.

Néanmoins, des discriminations aux détriments des veufs existent encore dans certains régimes particuliers. Par exemple, chez les fonctionnaires, le montant maximal de la réversion est plus faible pour les hommes que pour les femmes, et l'âge à partir duquel ils peuvent en bénéficier est plus élevé. La principale raison de ces discriminations est évidemment financière ; il est vraisemblable qu'elles seront prochainement condamnées par la Cour de justice des Communautés européennes (V. arrêt *Baber*, C.J.C.E., 17 mai 1990, concernant le Royaume-Uni). Cependant, dans un contexte où les droits dérivés sont de plus en plus critiqués, et les charges de l'assurance-vieillesse de plus en plus lourdes, il est à craindre que l'égalité des sexes serait alors assurée par la réduction des droits des veuves à hauteur de ceux des veufs, ce qui constituerait objectivement un recul des droits de tous les assurés.

S'agissant des concubines, enfin, le droit social n'a pas une position uniforme, ni au regard des prestations, ni dans les divers régimes. Ainsi, dans le régime général de la sécurité sociale, la concubine n'a pas droit à la retraite de réversion, mais elle peut recevoir le capital-décès si elle était à la charge de l'assuré. D'autres régimes peuvent donner plus de droits à la concubine survivante. Ils sont cependant minoritaires. Il faut d'ailleurs noter que les organes européens, en particulier la Cour de justice des Communautés européennes, qui veillent strictement au respect de l'égalité des droits sociaux entre hommes et femmes, ne se soucient pas de l'égalité entre veuves et concubines. La famille de l'Union européenne est toujours fondée sur le mariage.

L'amélioration des droits sociaux de la concubine survivante est également l'un des enjeux majeurs du C.U.C.S. (ou du P.A.C.S...), qui devrait ouvrir des droits identiques au mariage. Reste que, là aussi, le souci de ne plus étendre les « droits dérivés », qui demeurent toujours des droits de second ordre, et celui de ne pas surcharger la barque de l'assurance-vieillesse, contrecarrent ce projet.

Il nous semble, quant à nous, que l'égalité des sexes doit préférentiellement passer par la promotion de droits autonomes au bénéfice des femmes, plutôt que par l'extension de droits sociaux qui demeurent toujours des indemnités de dépendance. Même s'il est nécessaire de réfléchir à une dévolution successorale améliorant les droits du conjoint survivant, Il n'est ni digne ni prudent de compter sur l'héritage du mari ou sur sa retraite pour assurer la vieillesse de l'épouse. C'est par son activité professionnelle et seulement par elle que peuvent être garantis à la fois son égalité et son indépendance.

On constate donc que l'égalité dans le couple n'est plus une question de droit, mais de fait. Toute autre est la situation de l'égalité entre les parents.

SECTION 2
L'introuvable égalité des parents

La maternité et la paternité sont des faits biologiques différents. La construction sociale qui s'est édifiée sur cette différence biologique était profondément inégalitaire au détriment de la femme. Un mouvement d'égalisation législative s'est produit, mais l'on ne peut pas dire que la voie de « l'égalité dans la différence » ait été trouvée. Actuellement, selon les questions posées et selon les circonstances, les inégalités peuvent atteindre l'un ou l'autre sexe. Si les droits des parents sont à peu près égaux lorsqu'ils vivent ensemble avec leurs enfants, la séparation du couple met en pleine lumière l'inégalité des droits.

On vérifiera cette affirmation successivement au regard de la liberté de procréation, de l'établissement du lien de filiation, et de l'ensemble des droits parentaux.

§ 1. *La liberté de procréation*

S'il est un domaine où les luttes féministes furent difficiles, et leurs résultats toujours à consolider, c'est bien celui de la liberté de procréer. Mais, si le droit de refuser la maternité est actuellement reconnu à la femme, celui de recourir à l'assistance médicale à la procréation n'est accordé qu'aux couples.

L'inégalité des sexes devant la *contraception* est d'abord une question d'ordre médical. Jusqu'au milieu du XXe siècle, les méthodes de contraception connues (préservatifs et *coitus interrumptus*) concernaient surtout les hommes. Et c'est eux qui souhaitaient limiter leur descendance, pour restreindre les frais d'éducation des enfants ou éviter de morceler les héritages. La découverte de moyens « modernes » et sûrs de contraception, à la disposition de la femme cette fois, ayant coïncidé avec la volonté de ces dernières de maîtriser leur fécondité et de ne plus être esclaves de maternités non voulues, a transformé la lutte pour la légalisation de ces moyens en combat féministe, et la loi « Neuwirth » du 28 décembre 1967, autorisant la prescription de la « pilule » en victoire des femmes. Dans le même ordre d'idées, les restrictions à l'accès à la contraception — par exemple le non-remboursement par la sécurité sociale des pilules les plus récentes — sont interprétés comme des reculs des droits des femmes. Mais ce point de vue n'a rien d'universel. Dans d'autres pays, la contraception repose sur d'autres techniques, par exemple sur la stérilisation masculine.

La *stérilisation* est, en France, considérée comme illicite lorsqu'elle n'est pas pratiquée dans un but thérapeutique, et ceci aussi bien pour les hommes que pour les femmes. En fait, les indications thérapeutiques ont tendance à être entendues largement, mais elles aboutiront à une ligature des trompes de la femme plutôt qu'à une vasectomie sur son compagnon. L'inégalité des sexes est ici culturelle bien plus que juridique ou médicale.

L'interruption volontaire de grossesse, elle, est une affaire de femmes, même si elle est souvent décidée à la suite de pressions masculines émanant du mari, ou du compagnon, voire de l'employeur. Or, c'est aussi un domaine où la législation, élaborée par des parlementaires de sexe masculin sous l'influence des Églises également dirigées par les hommes, a très longtemps fait de la femme, déjà meurtrie physiquement et psychologiquement, une criminelle. Ce pouvoir masculin apparaissait donc illégitime et abusif.

La loi du 10 janvier 1975 autorisant l'interruption volontaire de grossesse à condition qu'elle soit pratiquée dans un établissement hospitalier, par un médecin, avant l'expiration de la dixième semaine de grossesse, est donc une conquête des droits des femmes. Elle l'est d'autant plus que la loi laisse à la femme seule la liberté de décision (CE 31 oct. 1980). Le mari ou le compagnon de la femme ne peut pas s'y opposer. Le code pénal de 1992 a complété le dispositif en incriminant l'entrave à l'I.V.G. licite, mais aussi l'I.V.G. qui serait pratiquée sur une femme (mineure, par exemple) sans son consentement.

On remarquera que l'interruption de grossesse donne lieu à une réflexion en termes de liberté ou de droits des femmes. La problématique de l'égalité des sexes affleure par moments, par exemple lorsque l'on s'interroge sur les « droits » du père potentiel. Mais la femme est trop exclusivement concernée, dans son corps et dans sa liberté, pour que l'égalité des sexes soit une question pertinente.

Toute autre est la situation en matière d'*assistance médicale à la procréation*. Les lois du 29 juillet 1994, en effet, l'ont réservée aux couples, mariés ou vivant ensemble depuis plus de deux ans. On aurait pourtant pu poser la question en termes de liberté de procréer de la femme et penser qu'une femme, surtout non mariée, n'a pas à demander l'accord de quiconque pour avoir un enfant. Cela aurait constitué à son bénéfice un privilège, puisqu'il n'aurait pu en aller de même pour les hommes. Mais ici le souci de favoriser la constitution de familles reposant sur deux parents, dans l'intérêt de l'enfant, aboutit à brider juridiquement la prééminence naturelle de la femme. L'institution familiale égalise les droits des parents face à la liberté de procréer.

§ 2. *Le lien juridique de filiation*

Le droit de la filiation continue de s'articuler autour de la distinction entre filiation légitime et naturelle. Dans l'un comme dans l'autre système, l'égalité des parents n'est pas assurée.

L'enfant dont les parents sont mariés est dit *légitime*. La différence entre père et mère est alors portée à son comble. La filiation légitime est dite indivisible, c'est-à-dire qu'elle s'établit globalement à l'égard des deux parents. Elle résulte de l'acte de naissance portant le nom d'une femme mariée, et de la « présomption de paternité » selon laquelle le mari est réputé père des enfants de l'épouse. Cependant, plusieurs types de procédures peuvent aboutir à la remise en cause de la paternité du mari : la déclaration à l'état civil sans mention du nom du mari, le désaveu de paternité, et les diverses formes de contestation de paternité légitime (C. civ., art. 318, 334-9 et 322). Dans tous ces cas, l'enfant est un enfant naturel (adultérin) d'une femme mariée.

L'enfant dont les parents ne sont pas mariés est dit « *naturel* ». L'acte de naissance ne suffit pas alors à établir sa filiation, ni à l'égard de la mère, ni à l'égard du père. Il faut que ceux-ci le reconnaissent expressément (à l'état civil ou devant un notaire), ou qu'ils lui confèrent la « possession d'état » en l'élevant. De plus en plus souvent, d'ailleurs, ces reconnaissances ont lieu avant même la naissance de l'enfant.

Les règles sont quasiment identiques pour le père et pour la mère, ce qui pose paradoxalement un problème : en effet, la plupart des autres pays européens appliquent la règle dite « *mater semper certa* », selon laquelle l'indication du nom de la mère dans l'acte de naissance établit la filiation maternelle, que la mère soit ou non mariée. L'égalité entre les enfants passerait ici par l'extension d'une inégalité entre les sexes, puisqu'il n'est pas question que la mention du nom du père naturel dans l'acte de naissance suffise à établir la paternité.

On s'aperçoit ici des impasses du raisonnement égalitaire en droit de la filiation, puisque l'égalité entre les enfants naturels et légitimes, et celle entre père et mère, ne pourraient être conciliées que par la suppression de la présomption de paternité ce qui nuirait aux enfants légitimes et enlèverait au mariage une bonne part de son sens.

En réalité, la Cour de justice européenne des droits de l'Homme fait prévaloir le souci de non-discrimination entre les enfants, quelle que soit leur filiation, et s'accommode d'une inégalité juridique entre les parents qui résulte, il faut bien le reconnaître, des caractéristiques fondamentalement différentes de la maternité et de la paternité.

Relevons encore une dernière inégalité, d'autant plus intéressante qu'elle est toute récente. Depuis la loi du 8 janvier 1993, un enfant peut faire déclarer en justice la paternité naturelle d'un homme à la condition nécessaire mais suffisante que des indices rendent cette paternité vraisemblable, et que les expertises génétiques la confirment. Le père biologique ne peut pas s'opposer à l'établissement d'un lien de filiation emportant des conséquences tant sur le nom de l'enfant que sur ses droits pécuniaires.

Par contre, une mère a le droit d'accoucher anonymement et cette liberté, affirmée dans le code civil depuis la même loi du 8 janvier 1993, paralyse toute action destinée à établir juridiquement la maternité. La mère a donc le droit de refuser une maternité, alors que le père ne peut refuser sa paternité. Le comble est que l'accouchement anonyme de la mère empêche, de surcroît, le père de faire valoir ses droits : en effet, même s'il veut reconnaître l'enfant, il lui est tant juridiquement que pratiquement fort difficile de le faire puisque rien ne relie l'enfant qui est né à la femme qu'il a connue (et peut-être même épousée).

Sans doute ces inégalités ont-elles des explications, telles le souci de protéger l'enfant contre les risques d'infanticide ou d'abandon sauvage, ou celui d'empêcher que les pères n'échappent trop facilement à leurs responsabilités. Il faut ajouter que les reconnaissances paternelles d'enfant nés « sous X » sont bien souvent fort suspectes et peuvent cacher des trafics d'enfants. Il n'en demeure pas moins que cette inégalité juridique est, au plan des principes, parfaitement injustifiable.

Les inégalités entre les sexes ne sont donc pas univoques. De fait, si le mariage a pu autrefois être une structure d'autorité et d'oppression, on ne peut pas sérieusement prétendre que tel soit encore le cas aujourd'hui. Par contre, la structure juridique de la filiation naturelle ne permet pas de brider la prééminence naturelle de la mère. Rien de plus facile pour elle que de reconnaître l'enfant avant le père (ce qui n'est pas sans incidence, V. *infra*, § suivant), ou de lui cacher la naissance. Il n'était peut-être pas utile que le droit vienne renforcer cette prééminence naturelle.

§ 3. ***Les droits et responsabilités parentales***

D'abord, le *nom* de l'enfant demeure, en principe, celui du père. Pour l'enfant légitime, cette règle était tellement évidente qu'elle n'a même pas été inscrite dans le code civil ! Le nom de l'enfant naturel est aussi celui du père si il a été reconnu en premier lieu par son père, ou en même temps par les deux parents. Il portera le nom de la mère si son père ne l'a pas reconnu, ou si sa mère l'avait reconnu en premier lieu. Encore est-il possible, en ce dernier cas, que l'enfant prenne le nom de son père si ses parents en font la déclaration conjointe devant le greffier du tribunal de grande instance. Le changement inverse, au contraire, nécessite une procédure devant le tribunal lui-même, et n'est d'ailleurs pas toujours accordé. Il s'agit d'identifier le plus possible l'enfant de parents non mariés à l'enfant légitime.

Ces règles sont évidemment fort inégalitaires. Elles le sont d'ailleurs plus pour les parents mariés, qui ne peuvent transmettre que le nom du père, que pour les parents non mariés qui peuvent, en jouant sur l'ordre des reconnaissances, choisir le nom de leur enfant. Dans aucun type de famille il n'est possible de transmettre les noms des deux parents. Une loi du 23 décembre 1985 a bien permis à l'enfant de porter le nom de ses deux parents, mais à titre de simple usage, et sans pouvoir les transmettre à ses propres enfants. Le nom demeure, en France ***patro**nymique*.

Cette inégalité est contraire à la Convention européenne des Droits de l'Homme : la Cour européenne de Strasbourg l'a clairement décidé dans un arrêt *Burghartz* (22 févr. 1994), mais cet arrêt concernant la Suisse, le législateur français l'a ignoré.

L'inégalité entre les parents est moindre au regard des *responsabilités parentales*. Depuis la loi du 4 juin 1970, la « puissance paternelle » a cédé la place à « l'autorité parentale ». Le changement de terminologie exprime une double évolution : d'une part, les droits des parents sur leurs enfants sont désormais des « droits-fonction » au service exclusif de l'intérêt de ceux-ci ; d'autre part, des droits sont partagés entre les deux parents.

Reste que ce partage n'est pas encore totalement égalitaire. Entre parents mariés et vivant ensemble, il n'y a plus aucune discrimination et les droits de chacun sont strictement égaux à ceux de l'autre. Par contre, subsistent des inégalités entre les parents non mariés ou divorcés.

En cas de divorce, depuis la loi du 8 janvier 1993, l'autorité parentale demeure en principe exercée par les deux parents conjointement. Ce n'est que dans des cas où l'intérêt de l'enfant l'exige que l'exercice de l'autorité parentale sera unilatéral (parent violent ou dépressif, par exemple).

Mais le jugement de divorce doit fixer la résidence habituelle de l'enfant chez l'un de ses parents. Bien qu'il soit, théoriquement, cotitulaire de l'exercice de l'autorité parentale, l'autre parent n'a, en fait qu'un droit de visite et d'hébergement, et doit verser une pension pour l'entretien de l'enfant. Les solutions d'hébergement alterné n'ont guère la faveur des juges et supposent, de toute façon, des circonstances peu souvent réunies (proximité géographique des domiciles, entente des parents divorcés). De fait, les enfants résident chez leur mère dans 85 % des cas. C'est, le plus souvent, parce que les parents l'ont décidé ainsi d'un commun accord. Il n'y a guère plus de 15 % des pères qui demandent à ce que la résidence des enfants soit fixée chez eux, et ils obtiennent assez facilement satisfaction. Quant à déterminer les raisons de cette auto-censure, personne n'avance d'explication véritablement convaincante.

Au plan des principes, le père chez qui l'enfant ne réside pas habituellement conserve l'intégralité de ses prérogatives : il peut faire mentionner l'enfant sur son passeport, exiger que l'établissement scolaire lui donne un exemplaire des bulletins de notes, etc. Pourtant, une proportion très importante des enfants n'entretiennent plus guère de liens avec leur père après le divorce, ce qui est d'ailleurs cohérent avec le faible taux de demandes de résidence observé plus haut : 30 % des enfants ne voient jamais leur père, 23 % moins d'une fois par mois (Villeneuve-Gokalp, « De la famille d'origine à la famille recomposée », *in Les recompositions familiales aujourd'hui*). Lassitude, désintérêt ou obstruction ? La question est ouverte. Il faut y ajouter les litiges concernant le non-paiement des pensions alimentaires ou les difficultés de mise en œuvre des droits de visite, qui n'ont pas changé depuis des décennies : les dissociations familiales contribuent fortement à l'effacement ou à la dégradation de l'image du père dans l'éducation des enfants. C'est l'un des plus graves problèmes actuels de la politique familiale.

La situation est encore plus inégalitaire lorsque le couple parental n'est pas marié. Sans doute la loi du 8 janvier 1993 a-t-elle posé en principe l'exercice conjoint de l'autorité parentale dans les familles naturelles, à l'exemple des familles légitimes. Mais elle l'a assorti de conditions qui vident le principe de son contenu. En effet, l'exercice conjoint « de plein droit » suppose que l'enfant ait été reconnu par ses deux parents avant l'âge d'un an, mais aussi que les parents vivent ensemble à cette date. Si l'une de ces deux conditions n'est pas remplie, la mère détient seule cet exercice.

C'est surtout le mode de preuve choisi par le législateur qui est inadéquat : pour justifier de ses droits, le père doit faire établir la vie commune par une attestation émanant du Juge aux affaires familiales. Il est pour le moins paradoxal de subordonner à une démarche auprès du J.A.F. un exercice conjoint dit « de plein droit » ! De plus, les garanties de la procédure sont insuffisantes, les deux parents n'y étant pas associés : les risques de fraude ne sont donc pas négligeables. Les parents qui s'entendent préfèrent donc effectuer une déclaration conjointe d'exercice en commun de l'autorité parentale devant le greffier du tribunal de grande instance.

Au total, et dans l'incertitude des droits du père, les tiers (écoles, mairies...) préfèrent avoir comme interlocutrice la mère naturelle, laquelle est pratiquement toujours détentrice de l'exercice de l'autorité parentale, seule ou conjointement avec le père.

L'incohérence du régime juridique actuel résulte de l'ambivalence du législateur, écartelé entre la volonté de rééquilibrer les pouvoirs dans la famille naturelle, et le souci d'éviter un partage des pouvoirs illusoire ou nocif dans certaines circonstances. La conciliation a paru être trouvée dans l'exigence de vie commune, qui semble rapprocher les concubins des gens mariés. Mais il s'agit d'une illusion d'optique : cette vie commune est trop instable et trop difficile à prouver. À terme, l'exercice de l'autorité parentale devrait être conjoint dès lors que l'enfant a été reconnu par ses deux parents dans un certain délai. Il resterait aux mères naturelles à s'accommoder des droits du père...

Ce qui aggravera les difficultés liées à la séparation des parents non mariés. À l'heure actuelle, la séparation des parents non mariés laisse la mère en position de force. Dès lors que le père souhaite exercer conjointement l'autorité parentale, ou simplement un droit de visite, la saisine du J.A.F. est quasi inévitable. En effet, même si les parents exerçaient conjointement l'autorité parentale, et même si ils trouvent les termes d'un accord, celui-ci n'ayant aucune force obligatoire, chacun demeure à la merci d'un changement d'avis de l'autre. Plus souvent, le litige porte sur l'exercice même de l'autorité parentale, sans oublier l'obligation du père de participer à l'entretien de l'enfant. De fait, les saisines du J.A.F. pour ce type de problèmes sont de plus en plus fréquentes ; les textes spécifiques à la filiation naturelle étant parfois incomplets, c'est l'ensemble des règles relatives au sort des enfants divorcés qui a été transposé aux déconcubinages.

Rien d'étonnant, dès lors, que les enfants naturels dont les parents sont séparés voient leur père encore moins souvent que les enfants de parents divorcés (V. Villeneuve-Gokalp, *op. cit.*).

Au total, si la prééminence du père ne se manifeste plus que dans les règles de collation du nom, c'est la prépotence de la mère qui domine toutes les situations de non-mariage et de séparation. Les voies de l'égalité des parents sont encore à trouver.

Lire aussi : ARNOUX (I.), *Les droits de l'être humain sur son corps,* Presses Universitaires de Bordeaux, 1995 ; CHAMPENOIS, « La loi du 23 décembre 1985 relative à l'égalité des époux dans les régimes matrimoniaux », *Répertoire Defrénois* 1988, art. 34320, p. 1105 ; DHAVERNAS (O.), *Droits des femmes, pouvoirs des hommes,* Le Seuil, 1978 ; L.E.R.A.D.P., *La nouvelle loi sur le nom,* L.G.D.J., 1988 ; MICOU (É.), *De l'égalité des sexes en droit privé,* Presses Universitaires de Perpignan, 1997.

CHAPITRE 2

L'égalité des sexes et l'activité professionnelle

L'activité professionnelle des femmes est aussi vieille que l'Histoire. Aucune société n'a ni pu ni voulu se priver de la contribution des femmes à l'activité économique. Mais le travail féminin est, de façon quasi universelle, différent de celui des hommes, et toujours dévalorisé par rapport à ce dernier, bien que les deux types d'activités soient complémentaires et aussi indispensables l'une que l'autre. Ainsi a-t-on pu relever l'efficacité de l'association préhistorique entre les hommes chasseurs, et les femmes assurant la cueillette, qui permettait un régime alimentaire équilibré.

Dans une France rurale, les activités domestiques de la femme complétaient et valorisaient le travail masculin. Il faut insister sur le fait que l'activité déployée par la femme à la maison avait une valeur économique et sociale importante. Nul n'aurait songé à dire que la fermière ou la boulangère ne travaillait pas.

La révolution industrielle, l'urbanisation, modifièrent profondément les conditions de travail, qui s'effectue désormais à l'usine, ou au bureau. Pour des raisons économiques évidentes, la femme devra suivre le travail là où il émigre. Sortant du champ domestique, son activité professionnelle devient visible. En même temps, se pose la question de la conciliation de cette activité avec les tâches ménagères et avec l'éducation des enfants. Dans un premier temps, les conditions éprouvantes du cumul entre activités professionnelle et ménagère vont entraîner une aspiration des femmes à se cantonner à leur foyer. Pour toutes celles dont le mari a un salaire suffisant, le vrai luxe est de ne pas travailler à l'extérieur : l'emploi des femmes recule jusqu'en 1960. Mais il s'agit d'une situation historiquement unique, et le modèle de la « mère au foyer » ne durera pas.

En effet, et pendant la même période, le niveau scolaire des femmes s'est amélioré de façon continue. Toute une série de carrières prestigieuses se sont ouvertes à elles : avocats, médecins, enseignants. Parallèlement, le temps consacré aux tâches ménagères s'est réduit, de même que le nombre de maternités. Le désir de consommation suscite un besoin de revenus supplémentaires. La courbe de l'activité féminine s'inverse en 1960. Commence alors un mouvement de progression continue. En 1998, 80 % des françaises entre 25 et 49 ans exercent une activité professionnelle. Ceci est d'autant plus remarquable que la plupart d'entre elles sont mères de famille. Même les mères de trois enfants, pour la moitié d'entre elles, exercent une activité professionnelle. Quant aux mères de un ou deux enfants, elles sont respectivement 81,7 % et 76,8 % à le faire.

Cette situation est propre à la France. L'emploi féminin n'a pas forcément la même structure dans les autres pays de l'Union européenne. Si l'activité féminine est similaire au Danemark, elle est nettement plus faible en Grande-Bretagne ou en Allemagne.

Les françaises, donc, exercent massivement une activité professionnelle. Le principe d'égalité des sexes devrait s'appliquer en ce domaine : c'est en effet dans cette voie que sont entrés à la fois le législateur français et les institutions communautaires, épaulés de surcroît par le Conseil de l'Europe. Ils ne parviennent pourtant pas vraiment à lutter contre les discriminations et les handicaps dont souffrent les femmes.

On verra successivement les principales inégalités subies par les femmes, le principe de l'égalité professionnelle, et, enfin, la possibilité de mesures de compensation liées à la protection de la maternité ou au rétablissement de l'égalité des chances.

SECTION 1
L'inégalité de fait des sexes devant l'activité professionnelle

L'inégalité se mesure : on peut en décliner les chiffres. Il faut aussi en décrypter les causes.

§ 1. *Quelques mesures des inégalités professionnelles*

Le chiffre le plus expressif est certainement celui de l'écart global de salaires : les hommes ont gagné, en 1997, 27 % de plus que les femmes, 12 % de plus en cas d'identité de fonctions. Sans doute faut-il immédiatement signaler que cet écart s'est réduit : il était de 33 % en 1984 et de 50 % en 1950. Il n'empêche qu'il traduit une dévalorisation et une déqualification générale du travail des femmes, qui se retrouve dans tous les autres indices.

Les femmes sont plus touchées que le chômage que les hommes : leur taux de chômage est de 14,2 %, alors que celui des hommes est de 11,1 %. Elles représentent 45 % des actifs, mais 51 % des chômeurs ; elles occupent 85 % des emplois à temps partiel, beaucoup moins par choix que par contrainte. Elles représentaient plus de 60 % des stages ou emplois aidés en 1992. Elles sont aussi bien plus souvent que les hommes « collaboratrices » d'un exploitant agricole, d'un artisan, commerçant, voire d'un membre de profession libérale. Sans statut ou dotées d'un statut médiocre, elles n'ont de rémunération et de droits sociaux propres que dans la mesure de la libre décision du chef d'entreprise.

Aux plus hauts niveaux de la hiérarchie, les inégalités ne sont pas moindres. Les femmes sont plus souvent salariées et moins souvent travailleurs indépendants que les hommes. Le phénomène est particulièrement frappant dans le cas des professions libérales : ainsi, les femmes représentent 12,4 % des vétérinaires libéraux, mais 39,2 % des vétérinaires salariés.

Les femmes salariées ayant le statut de cadre accèdent aux postes de responsabilité, mais pas (encore) à ceux qui confèrent le pouvoir. Les féministes américaines ont appelé ce phénomène le « plafond de verre ». Le nombre des femmes parmi les membres des conseils d'administration des 200 premières entreprises françaises est infime : 58 sur 2 261 mandats. Encore nombre d'entre elles représentent-elles la famille fondatrice de la société. Un dernier chiffre : alors que l'enseignement est massivement féminisé, le pourcentage de femmes décroît régulièrement au fur et à mesure que l'on monte dans la hiérarchie : de plus de 80 % d'institutrices, on tombe à 13 % de professeur(e)s d'Université !

En résumé, malgré une montée en puissance quantitative et qualitative de l'activité professionnelle féminine, les inégalités résistent pied à pied. Pourquoi ?

§ 2. *Recherche des causes des inégalités*

Les causes de ces inégalités ne tiennent pas à un moindre niveau scolaire des femmes en général : il y a actuellement, toutes filières confondues, plus de bachelières que de bacheliers, plus de jeunes filles que de jeunes gens dans l'enseignement supérieur. De plus, la surqualification des femmes par rapport aux postes occupés atteste que le problème ne tient pas au niveau de formation des femmes.

Au cours des années 1980, il était généralement admis que la cause de la dépréciation du travail féminin tenait à la concentration des femmes dans certains métiers dits « féminins », à la suite d'études faites dans des filières considérées elles aussi comme féminines, en particulier métiers du tertiaire, santé, enseignement, communication. Une politique de mixité des filières et des emplois fut alors décidée par le Ministère des droits des femmes, visant à orienter les femmes vers les métiers techniques et scientifiques. Le résultat de cette politique fut médiocre et la politique elle-même contestée. On lui reprocha, en particulier, une certaine irresponsabilité dans le fait d'orienter des jeunes filles vers des métiers où il était à craindre qu'elles ne trouvent pas d'emploi.

De fait, il est trop facile de supposer que l'entrée des femmes dans des métiers « masculins » aurait pour effet quasi mécanique de supprimer les discriminations. Les raisons des clivages sexuels dans les choix des métiers ne sont pas encore élucidés, et il est simpliste de n'y voir que le résultat de stéréotypes sexistes.

Il est d'ailleurs troublant de constater que des métiers « masculins » peuvent en quelques années devenir « féminins » : c'est le cas, par exemple, de la médecine, du barreau, de la magistrature, de l'architecture qui recrutent, actuellement plus de femmes que d'hommes. Or, cet accès massif des femmes s'est accompagné de plusieurs phénomènes remarquables. D'abord, on constate que les postes de responsabilité sont moins féminisés que l'ensemble de la profession, sans que l'on puisse mesurer si ce déficit est entièrement imputable au fait que les postes de responsabilité reviennent à des professionnels chevronnés recrutés à une époque où les femmes étaient encore très minoritaires. À l'inverse, le fait que des femmes aient occupé récemment les postes de Premier président de la Cour de cassation, de président de la cour d'appel de Paris et de bâtonnier de l'Ordre des avocats de Paris devrait tempérer les accusations de sexisme. Par ailleurs, cet accès des femmes s'est accompagné de transformations dans le mode d'exercice des professions : ainsi, les professons « libérales », sont plus souvent exercées en collaboration ou en salariat par les femmes.

Il semble donc que les évolutions, dans leurs avancées et leurs stagnations, soient liées à des facteurs complexes qu'il serait important d'identifier avec précision, faute de quoi les politiques risquent d'être inefficaces. Une bonne partie de l'explication de l'infériorité des femmes dans le monde professionnel vient, à notre sens, de ce qui ni les femmes elles-mêmes, ni la société dans son ensemble n'attendent la même chose du travail féminin et du travail masculin.

En courant le risque de schématiser à l'extrême, on dira que les jeunes filles veulent exercer un métier intéressant par les contacts qu'il donne et par les relations avec les autres, tout en préservant une bonne compatibilité avec les impératifs de la vie de famille. Les garçons préfèrent les métiers créatifs, d'organisation et de direction, et rémunérateurs. Pour eux, le problème de la compatibilité avec la vie de famille ne se pose tout simplement pas !

Même si on peut déplorer cet état de fait, force est en effet de constater que les charges ménagères et familiales continuent de peser bien plus sur les femmes que sur les hommes, et ceci quel que soient les discours sur le « partage » des tâches ménagères. La garde des enfants en bas âge n'a rien d'un problème féminin par essence, mais force est de reconnaître qu'elle l'est, en fait. Dès lors, les filles anticipent cette situation et en tiennent compte dans leurs stratégies professionnelles.

Quant à la société, elle renvoie un langage brouillé, pour ne pas dire contradictoire, sur le travail des femmes.

Les entreprises exploitent les inégalités pesant sur les femmes avec d'autant plus d'efficacité qu'elles ne leur seront pas imputées. De ce fait, les notions de « salaire d'appoint » ou de « volant de main d'œuvre » traditionnellement associés à l'activité des femmes retrouvent toute leur pertinence dans un contexte de flexibilité et de précarisation de l'emploi. Peu importe que l'absentéisme féminin soit une fable, il servira de commode justification pour un renforcement de l'asservissement de l'activité salariée aux exigences de production. Dans cette explication, la discrimination est plus le résultat de la moindre résistance des femmes à l'égard d'une pression patronale omniprésente, qu'un projet délibéré et conscient. Et toute mesure bénéficiant spécifiquement aux femmes risque de servir d'argument supplémentaire pour les traiter discriminatoirement, motif pris de l'augmentation du coût pour l'entreprise de ces avantages.

L'exploitation n'est pas seulement le fait du patronat, elle s'observe aussi dans le cadre familial. Nombreuses sont les « collaboratrices » non déclarées, pour lesquelles le chef d'entreprise ne verse aucune cotisation d'assurance-maladie ni de retraite, et qui dépendent totalement de leur conjoint (ou pire, encore, de leur concubin). Qu'il décède ou que les époux divorcent, et l'absence de droits propres de la collaboratrice prend la forme d'une véritable spoliation à laquelle le droit n'apporte que peu de remèdes s'il s'agit de conjoints, et quasiment pas en cas de concubinage. Même, d'ailleurs, celles qui sont officiellement déclarées et pour lesquelles sont versées des cotisations de protection sociale se trouvent dans une situation fort peu enviable financièrement.

Enfin, la place du travail des femmes dans la politique économique et sociale est pour le moins ambiguë. En effet, d'une part, le discours officiel est celui de la réduction des inégalités ; mais, de l'autre, nombre de mesures contribuent de fait à renvoyer une image toujours aussi sexuée pour ne pas dire sexiste du monde de l'emploi.

L'attribution de l'allocation parentale d'éducation dès la naissance du second enfant, qui a eu un vif succès, est l'exemple-type de mesure ambivalente. Destinée officiellement à permettre à l'un des parents de « choisir » entre la poursuite de leur activité professionnelle et le retour au foyer pendant que les enfants sont en bas âge, cette allocation semble une parenthèse permettant de concilier vie familiale et professionnelle pour les deux parents. Mais en réalité, elle n'intéresse que les femmes (98 % des bénéficiaires). Son incidence sur la carrière individuelle est nécessairement néfaste, puisqu'il n'est pas possible que ce retrait temporaire par rapport à l'emploi ne se traduise pas en reculs dans les responsabilités et en retards d'avancements, et ceci même dans le cas où la bénéficiaire conserve un emploi à mi-temps. Enfin, il faut savoir que, dans six cas sur dix, la bénéficiaire ne retrouve pas d'emploi à la fin du congé parental.

Son influence sur les représentations sociales n'est pas moindre, en accréditant l'idée que les femmes sont par nature une catégorie de salariés instables, susceptibles de partir et de revenir au gré de leurs convenances familiales. L'A.P.E. renvoie implicitement, une fois de plus, à l'image de la mère au foyer, difficilement compatible avec une quelconque égalité professionnelle, et donne de l'État l'image d'une collectivité pour laquelle l'apurement des statistiques du chômage justifie une élimination prioritaire des mères de famille. Comme il a été excellemment écrit « L'État interdit la formulation explicite des discriminations à l'emploi, mais il n'en finit pas de reproduire la rhétorique familialiste qui, depuis des millénaires, assure l'éviction des femmes de l'emploi ou leur dévalorisation » (Ortiz Laure, « Antilogie de l'égalité des chances », *in De l'égalité des sexes,* C.N.D.P., 1995).

Disons-le tout net, il est, selon nous, inutile de faire faire des études de chaudronnerie et de mathématiques aux jeunes filles si c'est pour les renvoyer dans leurs foyers à l'aide de l'allocation parentale d'éducation. Il est non seulement inutile mais mensonger de prétendre suivre une politique d'égalité professionnelle entre les sexes tant que la prise en charge de la petite enfance reposera de façon explicite sur les femmes, et que l'État ne prendra pas les moyens d'une plus juste répartition (par exemple, en imposant le partage entre les deux parents des jours de congé liés à la parentalité). C'est pourquoi la réduction en 1997 du montant de l'allocation pour garde d'enfant à domicile a été vécue par les femmes comme une nouvelle preuve de ce que leur droit à l'emploi passe toujours après d'autres considérations.

C'est à la lumière de cette observation fondamentale qu'il faut lire les chapitres suivants. Car, selon nous, si l'égalité professionnelle inscrite dans la loi est si peu respectée, si les « mesures affirmatives » sont si difficilement mises en œuvre, c'est tout simplement parce que la société politique et le mouvement syndical ne font nullement de cette égalité l'une de ses priorités, l'estimant secondaire par rapport à la destinée familiale des femmes.

Auparavant, et pour clore ce chapitre, il nous faut encore attirer l'attention sur le fait que ce genre de politique est suicidaire. Le 26e rapport sur la situation démographique de la France, préparé par l'I.N.E.D. en 1997 fait une liaison positive explicite entre l'existence d'une politique d'égalité des sexes et la vitalité de la natalité. Les pays nordiques ainsi que la France, de philosophie égalitaire et qui permettent relativement la conciliation de l'activité professionnelle et du maternage sont ceux qui assurent le renouvellement de leurs génération. Les pays latins de culture plus machiste, et qui confient aux mères la charge intégrale des tout-petits ont vu leur fécondité tomber dans des proportions inquiétantes (1, 2 enfants par femme).

Autrement dit, même si ce n'est pas une priorité politique, les femmes continueront à travailler et accéderont toujours plus à l'égalité professionnelle.

SECTION 2
Le principe juridique de l'égalité professionnelle

L'égalité professionnelle est imposée par trois ordres de textes de valeur juridique inégale. En droit français, il s'agit pour l'essentiel de la loi du 13 juillet 1983 sur l'égalité professionnelle entre les femmes et les hommes, à laquelle il faut ajouter d'autres lois ou décrets ultérieurs, comme la loi du 2 novembre 1992 sur le harcèlement sexuel.

Les textes français doivent eux-mêmes être conformes à d'autres ordres normatifs supérieurs. En premier lieu, il s'agit du droit communautaire, qui régit l'Union européenne : le principe d'égalité des travailleurs est l'un des axes forts de la construction européenne. L'article 119 du Traité de Rome interdit les discriminations fondées sur le sexe, et plusieurs directives ultérieures en ont précisé l'application. La Cour de justice des Communautés est habilitée à sanctionner les États qui ne respecteraient pas ce principe.

L'autre norme supérieure imposant l'égalité professionnelle est l'article 14 de la Convention européenne des Droits de l'Homme, prohibant les discriminations sexuelles dans tous les domaines, y compris le domaine professionnel (V. C.E.D.H. 18 juill. 1994, aff. *Schmidt/Autriche*).

Ce principe se décline en deux étapes : égalité, d'abord, dans l'accès à l'emploi. Puis, égalité dans l'exercice de l'emploi, en particulier au regard du salaire et des promotions. Il faudra enfin voir quelles sanctions sont destinées à garantir l'effectivité de ces droits.

§ 1. *L'égalité dans l'accès à l'emploi*

L'égalité dans l'accès à l'emploi résulte, en France, d'une loi du 13 juillet 1983 insérée au code du travail, aux articles L. 123-1 et suivants. Cette loi met en œuvre une directive des Communautés européennes en date du 9 février 1976 (n° 76-207), dont l'application a donné lieu à de nombreuses condamnations des différents États membres.

Désormais, le sexe ne peut plus être un critère d'embauche ; les offres d'emploi ne peuvent plus mentionner le sexe du salarié recherché. Il suffit pourtant de lire n'importe quelle page d'annonces d'emploi pour mesurer le faible degré d'effectivité du texte, quinze ans après son entrée en vigueur ! Dans le droit de la fonction publique, le principe d'égal accès des deux sexes implique que tous les concours soient mixtes.

Des exceptions ont néanmoins prévues. Pour les salariés de droit privé, l'article R. 123-1 du code du travail fixe la liste des emplois pour lesquels le sexe est une condition déterminante de l'exercice d'un emploi : il s'agit exclusivement des artistes jouant un rôle féminin ou masculin, des mannequins et des modèles. Le droit de la fonction publique avait conservé un certain nombre de concours différents pour les hommes et les femmes, en particulier pour les instituteurs, dans la police et dans l'administration pénitentiaire. La Cour de justice des Communautés européennes a condamné la France de ce chef, dans un arrêt du 30 juin 1988. Le seul cas où le maintien de corps exclusivement masculin a été admis par cette instance est celui de brigades anti-émeutes, et pour la seule raison que la présence de femmes aurait pu inciter les émeutiers à redoubler de violence envers elles.

La portée de cette mixité imposée des recrutements ne doit pas être minimisée : elle interdit tout retour en arrière vers des recrutements séparés, quelles qu'en soient les raisons. Ainsi est-il impossible de tempérer, par des recrutements séparés, la féminisation jugée excessive de certains corps, professeurs des écoles ou magistrats, par exemple. De même, il n'est pas possible de revenir sur les recrutements mixtes de professeurs dans les disciplines scientifiques. D'aucuns ont beau faire valoir que la réouverture d'Écoles normales scientifiques de jeunes filles pourrait contrebalancer les effets discriminatoires cachés imputés à l'enseignement mixte, il ne fait pas de doute que de telles mesures seraient condamnées au niveau européen.

L'égalité d'accès est en effet indivisiblement celle des hommes et celle des femmes. S'il est plus habituel de raisonner en termes d'accès des femmes aux métiers masculins, la promotion de l'activité professionnelle féminine, ainsi que le fort investissement des femmes dans certains emplois posent le problème de l'équilibre des sexes dans de très nombreux métiers. Dans certaines activités, le problème posé par le déséquilibre du sex ratio est quasi exclusivement celui de l'égalité des sexes. Pour d'autres fonctions, s'ajoutent des inconvénients supplémentaires. Ainsi n'est-il pas indifférent à l'organisation sociale dans son entier que les fonctions de magistrat deviennent l'apanage majoritaire des femmes. Dans le cas des métiers de l'éducation, les difficultés sont plus grandes encore, puisque le fait que les éducateurs ou enseignants soient hommes ou femmes a de grandes conséquences sur la représentation des fonctions masculine et féminine par les enfants et la structuration de leurs personnalités. Néanmoins, les concours séparés pour le recrutement des instituteurs ont été supprimés en 1987 et il n'est absolument pas envisageable d'y revenir.

Il est en effet impossible de revenir sur la mixité des recrutements sans mettre en cause l'égalité des sexes. Ouvrir des recrutements séparés selon les sexes implique, en effet, nécessairement que le niveau de recrutement sera plus faible pour le sexe dont les candidats seront les moins nombreux. Outre l'inégalité évidente, on assisterait à une situation délétère où la suspicion serait systématiquement jetée sur la valeur des personnes recrutées par le concours du sexe naturellement minoritaire.

L'égalité dans l'accès à l'emploi doit, en effet, se prolonger par une égalité dans l'exercice de l'emploi

§ 2. *L'égalité dans l'exercice de l'emploi*

La plus ancienne forme d'égalité dans l'exercice de l'emploi revendiquée par les femmes est l'égalité de *salaires*, exprimée par l'adage « à travail égal, salaire égal ». L'égalité des salaires fut introduite dans le droit français par la loi du 15 novembre 1973, avant la directive européenne et avant le principe général d'égalité professionnelle entre hommes et femmes. On sait que, conformément à un schéma assez usuel en matière d'égalité des sexes, le principe dégagé à propos des relations entre hommes et femmes a été ensuite appliqué dans un domaine plus large : un arrêt de la Cour de cassation, en date du 29 octobre 1996 l'a en effet transposé aux inégalités de rémunération entre salariés d'un même sexe effectuant des tâches identiques.

La question centrale et difficile à résoudre est de déterminer si les tâches comparées sont « de valeur égale ». Quelles que soient les précisions apportées sur ce point par la loi du 13 juillet 1983, il est en effet fort difficile de comparer les travaux effectués par les hommes et par les femmes dans la mesure où ils occupent rarement des postes identiques. Dans une affaire célèbre, il fallut estimer si le travail des tricoteurs était de valeur égale à celui des repasseuses (Crim. 22 juin 1977), tâche évidemment impossible. Ceci explique en partie la persistance de l'inégalité statistique des rémunérations déjà signalée.

L'égalité est aussi de règle dans toutes les circonstances de la vie professionnelle : horaires, promotions, mutations, licenciements etc. À cet égard la directive du 9 février 1976 a une importance déterminante, car elle a induit un contrôle fort strict des autorités communautaires sur le contenu des législations nationales.

Les seules exceptions admises par la directive européenne sont d'une part les mesures nécessaires pour protéger la maternité et, d'autre part, celles qui tendent à promouvoir l'égalité des chances (V. Section 3). Mais ces exceptions sont d'un domaine fort étroit restrictivement apprécié par la Cour de justice, et nombre de mesures classiques et anciennes sont désormais jugées illégales.

Une bonne partie des difficultés provient de ce que la loi ou des conventions collectives prévoient depuis parfois fort longtemps des mesures de faveur pour les travailleuses : jours de congés payés lorsque les enfants sont malades, possibilité de prendre sa retraite avant les hommes, etc. Il faut aussi évoquer la réglementation particulière des travaux pénibles ou de force : ainsi, les charges maximales que les femmes peuvent pousser ou traîner ne sont pas les mêmes que celles des hommes, le contact avec certains produits dangereux leur est interdit. Dans la logique du droit communautaire, seules les mesures véritablement nécessaires pour protéger la maternité sont admissibles, les autres devraient disparaître.

Sur toutes ces questions, le droit français est relativement souple, puisque la loi de 1983 n'avait pas prévu la caducité de toutes ces mesures de faveur, laissant à la négociation collective le soin de les éradiquer. Cependant, en raison tant d'un fort attachement des salariées à ces mesures, que d'un déficit d'intérêt des organisations syndicales pour l'égalité des sexes, la plupart de ces réglementations sont demeurées en place. Le conflit avec les autorités communautaires était dès lors inévitable ; il fut particulièrement aigu au regard du travail de nuit des femmes qui est le symbole des affrontements de logique en matière d'égalité professionnelle.

Le droit français interdit depuis le XIXe siècle le travail de nuit des femmes, dans un souci de protection évident. Cette mesure figure également dans la Convention de l'Organisation internationale du travail, n° 89 de juillet 1948. Elle est pourtant contestée depuis longtemps. Les organisations féministes n'ont pas oublié qu'au tout début du XXe siècle, le journal féministe « *La Fronde* » fut asphyxié par les amendes encourues pour non-respect de l'interdiction du travail de nuit des femmes. Actuellement cette règle, qui connaît de nombreuses exceptions dans des métiers pourtant pénibles (infirmières), sert de prétexte pour écarter les femmes de certaines fonctions intéressantes et bien rémunérées (ingénieur). Par ailleurs, rien ne permet de penser que la nocivité du travail nocturne soit pire pour la santé des femmes que pour celle des hommes. En tout état de cause, le droit communautaire prohibe clairement son interdiction, perçue comme une discrimination.

Une première décision de la Cour de justice des communautés, du 25 juillet 1991, déclara le dispositif français contraire au droit communautaire. La France se vit donc contrainte de dénoncer la Convention de l'O.I.T. Néanmoins, elle ne modifia pas sa législation (C. trav., art. L. 213-2), considérant qu'il s'agirait d'un recul social évident. Un second arrêt vint condamner la France pour manquement à ses engagements communautaires, le 13 mars 1997. Pourtant, à notre connaissance, l'article 213-2 du code du travail n'est toujours pas abrogé, bien qu'il soit, de l'aveu même du Gouvernement français, inapplicable du fait de l'existence de la directive.

On notera aussi l'existence d'une série importante d'arrêts de la Cour de justice des Communautés condamnant les États en raison d'avantages divers réservés aux salariées. Un arrêt de la Cour de cassation française, suivant ce mouvement, a étendu aux pères de famille les jours de congés jusqu'alors réservés aux mères de famille (arrêt de la chambre sociale en date du 9 avril 1996).

Le droit français raisonne, jusqu'à présent, en termes de discrimination *directe*, c'est-à-dire en recherchant si telle ou telle femme a été victime d'une discrimination par rapport à d'autres salariés masculins placés dans la même situation. Mais le droit communautaire tient compte également des *discriminations indirectes* résultant de ce que une disposition ou un critère apparemment neutre affecte une proportion plus élevée de personnes d'un sexe.

Ainsi, dans la mesure où les femmes forment l'immense majorité des travailleurs à temps partiel, toute mesure limitant les droits des travailleurs à temps partiel sera considéré comme une discrimination sexiste. Par exemple, à l'occasion de stages de formation aux fonctions de délégués du personnel, les salariés percevaient une rémunération égale à celle qu'ils auraient perçue s'ils avaient travaillé, c'est-à-dire que les salariés à temps partiel ne percevaient que l'équivalent de leur temps de travail hebdomadaire, même si la durée du stage était supérieure. La Cour de justice des Communautés, dans un arrêt du 7 mars 1996 y vit une discrimination indirecte condamnable. Ce mode de raisonnement a pris force normative dans la directive communautaire n° 97-80 du 15 décembre 1997. Le législateur et les tribunaux français devront désormais adopter le même type de raisonnement, auquel ils étaient jusqu'alors réfractaires.

L'un des aspects les plus novateurs de l'égalité professionnelle est la prohibition du harcèlement sexuel. Elle résulte, en droit français, d'une loi du 2 novembre 1992, créant un double dispositif, à la fois dans le code pénal (art. 222-33) et dans le code du travail (art. L. 122-46 à L. 122-48). Le droit français, à la différence de certains droits anglo-saxons, ne considère qu'il y a harcèlement sexuel que s'il émane d'un supérieur hiérarchique (chef de service, employeur) à l'exclusion des autres salariés de même grade ou de grades inférieurs. Le code pénal réprime plus spécifiquement l'abus d'autorité consistant en des privautés sexuelles non librement consenties : l'infraction est alors une variété d'agression sexuelle. Le code du travail, lui prohibe les sanctions professionnelles prises à l'encontre des salarié(e)s qui résistent. Ces mesures de rétorsion sont considérées comme discriminatoires et punies à ce titre. Il existe des dispositions analogues dans le code de la fonction publique.

Les premières années d'application du dispositif en ont montré les limites. Certes, il est arrivé que le harcèlement soit pénalement sanctionné (V. Paris, 20 juin 1995), ou que des licenciements consécutifs à son refus soient annulés (V. Paris, 6 oct. 1995 et 18 janv. 1996). Les poursuites échouent néanmoins souvent pour des raisons de preuve. Une affaire mérite une mention particulière, tant parce qu'il s'agit du premier arrêt de la Cour de cassation (Soc. 2 oct. 1997) que parce que le harcèlement émanait d'une femme chef de service qui avait licencié deux salariés : le père, qui se prétendait victime du harcèlement sexuel, et aussi son fils également employé dans l'entreprise ! La seule preuve des agissements étant le témoignage de la compagne du harcelé, les magistrats l'estimèrent insuffisante. Dans une autre affaire, le refus de sanctionner fut l'occasion pour la cour de Douai de délivrer aux supérieurs hiérarchiques un véritable permis de séduire leurs subordonnées, dès lors que les agissements ne sont « ni indécents, ni humiliants » et « commis sans chantage » (Douai, 10 sept. 1997). L'incrimination du harcèlement n'est donc pas une protection contre les avances non souhaitées. Ces différentes espèces montrent l'importance déterminante du régime de sanction des discriminations.

§ 3. *Les sanctions des discriminations*

Il ne s'agit pas ici de détailler l'ensemble de l'arsenal mis en place contre les discriminations, mais de relever le contraste entre la vigueur de l'effet d'annonce résultant de sanctions fort lourdes en théorie, et les difficultés pratiques à sanctionner effectivement.

Les sanctions annoncées sont lourdes : le droit pénal est souvent sollicité. À titre d'exemple, le refus d'embauche fondé sur une discrimination sexiste serait passible de deux ans d'emprisonnement et de 200 000 F d'amende (C. pén., art 225-2). S'il émanait d'une société, le montant de l'amende pourrait être multiplié par 5. Le harcèlement sexuel est puni d'un an d'emprisonnement et de 100 000 F d'amende (C. pén., art. 222-33). Le code du travail, lui, punit les mesures de rétorsion en cas de refus du harcèlement sexuel à la fois par la nullité de la mesure (sanction disciplinaire, licenciement) et par une peine d'un an de prison et de 25 000 F d'amende (C. trav., art. L. 152-1-1). Syndicats et associations féministes peuvent se porter partie civile pour assister la victime dans sa plainte.

Au-delà de cette première impression, il faut constater la faible effectivité de ces menaces. Contrairement à ce que l'on pourrait penser, la nullité des mesures prises est peu effective en droit du travail. Bien qu'un licenciement soit nul, il est de principe que le salarié ne retrouve pas son emploi, et que la nullité donne seulement droit à de substantiels dommages-intérêts. Il est, de surcroît, quasiment impossible de sanctionner le refus d'embauche ou de promotion : on ne peut, en effet, contraindre l'employeur à passer un contrat de travail avec la candidate rejetée, ni l'obliger à rétrograder le salarié homme promu pour donner son poste à la femme injustement évincée. Enfin, en matière de harcèlement sexuel, il est parfois possible de punir des pratiques refusées par leur destinataire, mais la « promotion-canapé » n'est pas sanctionnable.

Surtout, devant le Conseil des prud'hommes comme devant les tribunaux pénaux, se pose le problème de la *preuve*, souvent insurmontable. Parmi les multiples causes possibles de la différence, comment établir la prééminence du motif discriminatoire ?

Ces difficultés de preuve ne sont pas ignorées du législateur, qui a tenté d'y parer de diverses façons. La loi du 13 juillet 1983 relative à l'égalité des salaires a inséré à l'article L. 140-8 du code du travail un renversement de la charge de la preuve au bénéfice du salarié : en cas de litige, c'est à l'employeur d'établir les raisons de la différence de salaire, et non au salarié de prouver que cette différence est injustifiée. Un système similaire devrait être étendu à l'ensemble des discriminations en application de la directive communautaire du 15 décembre 1997, déjà évoquée. Cette dernière, en effet, impose à la personne accusée de discrimination d'établir la preuve de l'absence de celle-ci. Concrètement, cela veut dire que les employeurs devront établir le bien-fondé de toutes les différences qu'ils font entre les catégories de travailleurs.

À la lumière de la jurisprudence établie en matière d'égalité de rémunérations, il ne faut cependant pas s'exagérer la révolution que cette règle opérera dans les relations de travail : comme en matière de salaires, les conditions concrètes des travailleurs sont tellement diversifiées, qu'il est assez facile de trouver des justifications plausibles aux différences de traitement. La sanction des comportements discriminatoires ne peut guère intervenir que de façon marginale en présence de motivations maladroites. Les pratiques sanctionnées le sont quasiment toujours à la suite d'une imprudence grossière de l'employeur, telle que la rédaction de questionnaires d'embauche distincts pour les hommes et les femmes (T. corr. Paris, 13 mars 1991), ou la tentative de justifier une différence de salaire par une différence d'ancienneté alors qu'elle est déjà la source d'une prime d'ancienneté spécifique (Soc. 29 oct. 1996), voire la succession sur un même poste de salariés aux compétences et à l'ancienneté égale, mais à la rémunération différente.

Il faut enfin relever que ce renversement de la charge de la preuve est strictement limité au droit social. En matière de sanctions pénales, la présomption d'innocence s'y oppose radicalement ; la directive européenne du 15 décembre 1997 rappelle d'ailleurs cette exclusion. La seule mesure possible pour faciliter la preuve est alors d'incriminer toute mesure de rétorsion ou d'intimidation dont l'employeur userait pour empêcher les témoignages (V. C. trav., art. L. 123, *in fine*). Il n'est pas certain que cette protection pénale soit ressentie comme suffisante par les salariés hésitant à témoigner.

SECTION 3
Les mesures de compensation des inégalités

Parmi les mesures destinées à compenser les handicaps subis par les femmes, une catégorie ne pose pas de problème, tout au moins dans son principe : il s'agit des mesures protégeant la femme enceinte et la jeune mère. Par contre, les « discriminations positives » destinées à rétablir « l'égalité des chances » sont à la fois plus contestées dans leur existence et plus débattues dans leurs applications.

§ 1. *La protection de la maternité*

La possibilité pour la jeune mère d'arrêter de travailler au moment de la naissance est admise, en France, depuis une loi du 27 novembre 1909. La directive européenne du 9 février 1976 énonce expressément que le principe d'égalité professionnelle ne s'oppose pas à ce que les États prennent des mesures de protection de la grossesse et de la maternité, dont la directive du 19 octobre 1992 (n° 92-85) précise les modalités. En droit français, un dispositif assez complet en faveur de la maternité combine droit du travail et de la sécurité sociale. Il est surtout efficace pour les salariées.

Dans le cas d'emploi salarié, l'état de grossesse ne doit tout d'abord pas être pris en considération au moment de l'embauche : tout questionnaire portant sur cette question exposerait l'employeur à des sanctions, et la femme interrogée sur ce point a le droit de mentir. Tout licenciement d'une femme enceinte est nul, et tout licenciement décidé pour une autre cause dans l'ignorance de la grossesse est automatiquement rendu caduc si la femme licenciée se révèle enceinte. La femme enceinte doit donc conserver effectivement son poste, et le retrouver à l'issue de son congé de maternité.

Ce dispositif avoue cependant deux faiblesses : d'abord, il demeure loisible à l'employeur de licencier la femme enceinte soit pour faute grave indépendante de l'état de grossesse (vol), soit en démontrant qu'il est dans l'impossibilité de lui maintenir son emploi (dépôt de bilan). Surtout, rien ne lui interdit de licencier la salariée à son retour de congé de maternité.

La femme a droit, en effet, à une période de congé, qui se décompose en deux parties. Pendant une durée de huit semaines, dont six après l'accouchement, il est radicalement interdit de l'employer. Plus largement, elle a le droit de bénéficier, si elle le souhaite ce qui est très généralement le cas, d'un congé d'une durée minimale de seize semaines (six avant la naissance et dix après), qui est prolongée en cas de naissances multiples, de naissance de rang trois et au-delà, ou de grossesse ou de couches pathologiques. Cette période n'est pas payée par l'employeur, mais est indemnisée par la sécurité sociale au titre de l'assurance-maternité. À l'issue de ce congé, la jeune mère peut reprendre son emploi ou préférer le quitter ; dans le second cas, elle bénéficie d'une priorité de réembauchage si elle se ravise ultérieurement.

Ajoutons qu'en cas de naissance d'un enfant de rang deux ou plus, elle peut demander un congé parental d'éducation, lui permettant de bénéficier d'une allocation parentale d'éducation d'un montant substantiel, et ceci jusqu'à ce que l'enfant ait atteint l'âge de trois ans. L'allocation peut aussi être versée partiellement si la mère se borne à réduire son horaire de travail. À l'issue de ce congé, elle doit retrouver son emploi ou un emploi équivalent assorti d'une rémunération similaire, sous réserve, évidemment, qu'un tel poste soit disponible dans l'entreprise lors de son retour. Or, c'est loin d'être certain, car l'employeur n'a pas l'obligation de « geler » le poste de travail pendant les trois ans de congé parental. Si le poste a été occupé, et si aucun autre n'est libre, la femme n'aura qu'une priorité de réembauchage, si l'entreprise embauche. Seules les femmes fonctionnaires bénéficient donc effectivement de la garantie de retrouver un poste au même niveau hiérarchique à l'issue du congé parental.

Ces mesures, pourtant bien nécessaires, et pourtant d'une efficacité limitée, contrarient sérieusement la bonne marche des entreprises, surtout d'ailleurs de celles qui ont de petits effectifs. Aussi servent-elles d'argument ou de prétexte aux employeurs réticents à embaucher des femmes. Comme, de surcroît, elles sont intrinsèquement inégalitaires, une réflexion a été entreprise pour rechercher si une partie d'entre elles, non spécifiquement liée à la maternité mais plutôt destinée à faciliter la vie des familles ayant des enfants en bas âge ne pourrait pas être répartie entre les deux parents.

C'est donc dans une perspective égalitaire que le congé d'adoption, décalqué du congé de maternité, peut être pris par l'un ou l'autre des parents adoptifs. De même, le congé parental peut être pris par l'un ou l'autre des parents. Il est même possible de partager entre les deux parents la durée globale de ces congés.

Force est de reconnaître, cependant, que les femmes représentent 98 % des bénéficiaires de ces congés. Seules des mesures plus incitatives, tel un partage obligatoire de ces congés entre les deux parents, pourrait contrarier ce « sexisme » des demandes, qui nuit énormément à la crédibilité de la femme en tant que salariée et à l'image sociale de l'égalité professionnelle.

Quant aux femmes qui exercent une profession non-salariée, agricultrices, artisanes ou membres de professions libérales, ainsi qu'aux collaboratrices, même déclarées et cotisant aux régimes de protection sociale, leurs droits sont bien plus limités. Par la force des choses, aucune interdiction de travailler ne les menace. Elles bénéficient d'une allocation de repos maternel destinée à leur permettre de se faire remplacer ou aider, et d'une indemnité journalière forfaitaire si elles arrêtent de travailler. La difficulté de trouver une remplaçante et le risque de voir la clientèle préférer cette dernière limitent fortement l'impact de ces mesures.

On constate donc à quel point il est difficile de trouver un équilibre entre la protection de la maternité, l'égalité des sexes face à l'emploi, et les nécessités des entreprises. Un constat encore plus pessimiste sera fait en matière d' « égalité des chances ».

§ 2. *Discriminations positives et égalité des chances*

La possibilité de mesures bénéficiant aux femmes, afin de remédier aux inégalités de fait dont elles sont victimes est expressément prévue par la directive communautaire du 9 février 1976. La loi française l'a reprise, à l'article L. 123-3 du code du travail, sous une rédaction d'ailleurs différente. En effet, la loi française ne prévoit que des mesures temporaires, alors que la directive ne comporte pas cette restriction. La loi française ne permet de telles mesures qu'en faveur des femmes, alors que la directive ne le précise pas.

Même si le terme de « discrimination positive » a soigneusement été évité, les organes communautaires préférant parler d'« actions positives », il s'agit bien de mesures donnant à l'un des sexes un avantage pour compenser un déséquilibre préexistant. Ce genre de démarche est très connu aux États-Unis où il prend le nom d'« *affirmative action* » : un certain pourcentage de places sont réservées, dans les Universités ou dans les entreprises à des candidats de couleur, ou à des femmes. À l'heure actuelle les *affirmative actions* sont en débat de façon générale, même si il est peu probable que les États-Unis y renoncent, tant cette technique est partie prenante de leur culture juridique. Par contre, malgré l'existence de structures et de programmes encouragés par les Communautés européennes, l'action positive n'est pas vraiment acclimatée en Europe.

La difficulté intrinsèque de ce procédé tient au passage d'une logique collective à des mesures individuelles. C'est parce qu'une catégorie de personnes est collectivement en situation d'infériorité que l'on décide d'une priorité d'accès ou de promotion qui fonctionnera nécessairement de façon individuelle. Or, envisagé du point de vue des candidats réels à une fonction, la priorité systématique donné à l'un d'entre eux est une discrimination et une injustice à l'encontre des autres. Autrement dit, ce n'est pas parce que les femmes, collectivement, sont moins souvent promues aux postes de responsabilité que le rejet de telle candidature masculine au bénéfice d'une candidature féminine plutôt légèrement moins bonne, destinée à compenser ce déséquilibre, ne constituera pas une injustice au niveau individuel.

Il faut ajouter que ce mécanisme repose de façon implicite mais nécessaire sur la prise en considération de groupes considérés comme des « minorités » ayant des droits particuliers à faire valoir. Or, cette optique est tout à fait étrangère à la tradition juridique et politique française. Le droit constitutionnel français ne connaît que des citoyens, et la souveraineté nationale ne saurait être démembrée par la reconnaissance de « catégories » de personnes (on retrouvera ce point en matière d'égalité politique). Il semble que le droit communautaire, pour des raisons très différentes, ait une semblable répulsion à l'égard de cette catégorisation des individus.

Enfin, l'existence d'une priorité en faveur d'une catégorie de personnes risque d'entretenir une suspicion de médiocrité envers ceux qui seront recrutés ou promus, dont on pourra toujours penser et dire qu'ils ont été choisis en raison de leur appartenance à telle ou telle minorité, et non à cause de leur compétence. De telles arrières-pensées sont évidemment bien peu propices à une véritable égalité des sexes. Force est de reconnaître, en tous cas, le caractère peu productif du bilan de l'action positives positive en faveur des femmes, tant en Europe qu'en France.

Au regard de l'accès à l'emploi, on a déjà vu qu'un arrêt de la Cour de Justice des communautés, en date du 30 juin 1988 a interdit les recrutements séparés, même motivés par la sous-représentation d'un sexe dans une profession et quel que soit, d'ailleurs, le sexe sous-représenté (V *supra*, Section 2). Cette interdiction a été complétée par celle des priorités automatiques de recrutement et de promotion, dans le fameux arrêt *Kalanke* (C.J.C.E., 17 oct. 1995). Une loi du *Land* de Brême disposait que, dans les secteurs où les femmes ne représentaient pas 50 % des différents grades de la hiérarchie, une femme possédant les mêmes qualifications qu'un homme devait être systématiquement préférée en matière de recrutement et de promotion. Saisie par un homme estimant la mesure discriminatoire, la Cour de justice lui donna raison, condamnant le *Land* de Brême au motif qu'une loi qui garantit une priorité inconditionnelle et absolue à la catégorie sous-représentée va au-delà de ce que permet la directive.

Par la suite un autre arrêt du 11 novembre 1997 la Cour de justice adopta une attitude plus nuancée, en admettant une priorité légale au profit des candidates dès lors que les termes de la loi permettaient néanmoins de choisir un candidat masculin en raison d'autres critères objectifs, et à condition que ces critères ne soient pas eux-mêmes discriminatoires... autant dire que la jurisprudence de la Cour est fort confuse.

La question nous semble d'ailleurs mal posée. Ou bien il existe une différence objective entre les deux candidatures et on ne voit pas comment justifier que la moins bonne soit choisie sauf à entrer dans une logique délibérée de discrimination sexiste ; ou bien elles sont strictement équivalentes et la priorité législative en faveur du sexe minoritaire ne peut qu'être absolue si elle doit être efficace. Or, dans la jurisprudence de la Cour, seules les recommandations non véritablement contraignantes peuvent être admises.

On vérifie donc concrètement ce qui a été avancé plus haut de façon théorique : les mesures individuelles de correction d'inégalités collectives sont nécessairement injustes et discriminatoires envers ceux qu'elles frappent. Restent possibles les actions de sensibilisation des employeurs et plus largement des partenaires sociaux, les mesures d'encouragement aux candidatures féminines, des actions de formation des femmes aux métiers où elles sont sous-représentées, des aides à la conciliation des responsabilités familiales et professionnelles, bref des mesures purement incitatives dont l'efficacité est bien difficile à mesurer.

Si la détermination des mesures envisageables est délicate, il faut y ajouter que les partenaires sociaux français y sont franchement réticents. Ainsi, la loi française de 1983 avait prévu que les entreprises négocient des « plans d'égalité professionnelle » : quinze ans après, force est de reconnaître le très faible impact de ces plans, boudés à la fois par les syndicats et par les employeurs Probablement est-ce en partie parce que l'audience des femmes est demeurée faible dans les syndicats. C'est aborder la question de l'égalité des sexes dans la vie sociale.

Lire aussi : A.V.F.T., *De l'abus de pouvoir sexuel* (le harcèlement sexuel au travail), éd. La Découverte/Le Boréal, 1990 ; GASPARD (Fr.), *Les femmes dans la prise de décision en France et en Europe,* L'Harmattan, 1997 ; LANQUETIN, SUTTER, PETTITI, *L'égalité juridique entre femmes et hommes dans la Communauté européenne,* Bruylant, 1994 ; MANASSEIN, *De l'égalité des sexes,* C.N.D.P., 1995 ; NOGUEROL (D.), *Discriminations sexuelles et droits européens,* Masson, 1993. V. aussi les rubriques « Égalité professionnelle entre hommes et femmes » de la revue *Droit social.*

CHAPITRE 3

L'égalité des sexes dans la société

Évoquer l'égalité des sexes dans la société après avoir l'avoir vue dans la famille et dans les relations professionnelles peut sembler inutile ou, au contraire, impossible. Inutile parce que les inégalités sociales sont pratiquement toutes rattachées soit à la situation particulière de la femme dans sa famille, soit à la difficulté de parvenir à l'égalité professionnelle. Impossible parce que tous les aspects de la vie sociale posent la question de l'égalité ou de la discrimination.

Avant d'entrer dans l'examen des questions les plus sensibles, il faut par souci d'honnêteté signaler que le discours féministe a focalisé les discours sur les inégalités au détriment des femmes, qui sont certainement les plus nombreuses et méritent assurément d'être dénoncées. Il ne faut cependant pas négliger qu'il existe également des discriminations au détriment des hommes. On a déjà vu les inégalités de droits à l'égard des enfants. Il en existe d'autres : par exemple, pour des raisons que les criminologues ignorent, le taux de délinquance des femmes est dix fois inférieur à celui des hommes, et cette discordance perdure. Certains tempèrent cette inégalité au motif que la prostitution serait pour les femmes un « équivalent délinquantiel ». Mais il n'y a aucune légitimité à assimiler des comportements non réprimés par le code pénal à des délits.

Même si les violences, sexuelles et autres, à l'égard des femmes font actuellement l'objet d'un programme d'action spécifique de la délégation interministérielle aux droits des femmes, nous avons choisi de ne pas nous appesantir sur ces comportements, qui d'une part constituent clairement des déviances et, d'autre part, tendent malheureusement à concerner les deux sexes de façon de plus en plus égalitaire. Ainsi, la prostitution masculine se développe, le viol, autrefois crime sexiste par excellence, est désormais parfois commis sur des hommes et/ou par des femmes.

La société continue en effet de traiter les femmes de façon discriminatoire dans d'autres domaines qui nous paraissent encore plus signifiants. Particulièrement symbolique est la réticence de l'Académie française, qui ne s'ouvrit aux femmes que dans la personne de Marguerite Yourcenar en 1980, et n'en comporte toujours qu'une ou deux... parmi quarante immortels.

Très significatif aussi est le sexisme latent dans toutes les représentations de la vie quotidienne : citons pêle-mêle la survalorisation des compétitions sportives masculines par rapport aux féminines, l'image de la femme dans la publicité, ou encore les livres scolaires où perdure, malgré plusieurs rappels à l'ordre ministériels, l'image de maman faisant la vaisselle pendant que papa lit le journal.

Pourtant, des signes de progrès existent. En témoigne le retentissement de l'accès des femmes à certaines fonctions emblématiques : Premier ministre, Garde des Sceaux, grand reporter dans les conflits mondiaux, spationaute, ou encore magistrat chargé des « affaires » de corruption.

Nous avons choisi de focaliser l'étude de l'égalité des sexes dans deux domaines particuliers, qui nous ont semblé les plus importants du point de vue symbolique et théorique : le discours et la langue française d'une part, et la parité politique de l'autre, parce que ces deux champs montrent comment notre société se dit et se gouverne, en toute inégalité des sexes.

SECTION 1
Le sexisme du langage

Le choix du langage comme première approche du sexisme de la société résulte de la constatation de son importance dans la construction et la révélation des réalités sociales. Le sexisme du langage exprime celui de la société, mais il le fait aussi exister. La langue est aussi importante dans l'ordre du symbolique que dans celui de la réalité la plus concrète.

Or, la langue française est doublement sexiste : en général, parce qu'elle n'assure pas une représentation égale des sexes ni au regard des fonctions et responsabilités, ni même au regard des concepts, et en particulier parce que la dénomination des femmes les met toujours dans l'ombre de leur statut matrimonial. Voyons le particulier avant le général.

§ 1. *Le sexisme de la dénomination des femmes*

La dénomination d'une femme n'est jamais la sienne : elle porte le nom de son père ou de son mari, précédé de l'indication de son statut matrimonial de célibataire ou d'épouse.

Le nom patronymique d'un individu, homme ou femme, lui a toujours été transmis par sa famille. Comme l'indique l'étymologie, c'est le *nom du père*. Comme il a été vu dans le chapitre relatif à la famille, les mères ne transmettent pas, en principe, leur nom à leurs enfants, si ce n'est en l'absence de filiation paternelle, ou si elle a été tardivement établie.

À cette inégalité, contraire à la Convention européenne des Droits de l'Homme s'en ajoute une autre, qui en est la conséquence et vise plus spécialement la femme : c'est l'usage du port du nom de son mari par l'épouse. En effet, bien qu'aucun texte législatif ne prévoie le port du nom du mari par la femme, et bien que le seul et unique patronyme de la femme, mariée ou non, soit celui qu'on appelle de façon évocatrice le « *nom de jeune fille* », non seulement l'usage du port du nom marital se maintient vigoureusement, mais il est extrêmement difficile, pour une femme mariée, d'obtenir d'être désignée sous son propre nom même par les administrations et les services publics !

L'usage du port du nom du mari par l'épouse a des avantages pratiques évidents, puisqu'il permet à la mère de porter le même nom que ses enfants : c'est la conséquence logique du système patronymique. Au plan symbolique, il traduit l'intégration de la femme dans la famille du mari, mais au prix d'une véritable dépersonnalisation de l'épouse. « Madame Jean Dupont » peut être n'importe qui, et plusieurs femmes peuvent successivement porter le même nom. Par là se manifeste que l'épouse est avant tout une partie de la famille du mari, Cette oblitération de la personnalité perdurera même après le mariage, puisque la veuve continuera de porter le nom de son défunt époux.

Or, le port du nom du mari, souvent accepté de bon cœur, s'avère très préjudiciable si d'aventure, la femme doit un jour divorcer. Il lui faudra alors changer de nom, et révéler ses déboires conjugaux à des relations professionnelles ou à des tiers quelconques. Elle subit alors dans tous les cas un préjudice moral du fait du dévoilement de sa vie privée, auquel s'ajoute un préjudice matériel si elle doit cesser d'user du nom marital sous lequel elle était connue dans son milieu professionnel. Cette véritable atteinte au secret de la vie privée n'existe pas pour les hommes, qui peuvent divorcer et se remarier vingt fois sans que leurs collègues ou clients en soient avertis. Et la possibilité parfois ouverte à la femme de continuer de porter le nom de celui qui n'est plus son mari n'est pas de nature à résoudre valablement le problème puisqu'elle doit alors vivre sous l'identité de quelqu'un qui ne lui est plus rien !

À cela existe un seul remède : que la femme soit désignée, au moins dans ses relations professionnelles, sous son seul nom personnel. C'est actuellement pour elle un combat sans relâche et toujours à recommencer, d'autant plus pénible que toute demande tendant à être désignée sous son propre nom expose à la suspicion d'une mésentente conjugale ou d'un projet de divorce. Seule une obligation législative, telle que celle qui existe par exemple au Québec, paraît susceptible de contrer efficacement cet usage déplorable.

Il ne suffit pas que la femme soit contrainte de porter le nom d'un père ou d'un mari, il faut encore que les tiers sachent duquel de ces hommes elle dépend symboliquement ! C'est, en effet, le sens du choix de l'appellation « *Madame* » ou « *Mademoiselle* ».

Dans l'utilisation traditionnelle qui est faite de ces titres, en effet, les femmes désignées par « Mademoiselle » sont célibataires, alors que celles qui sont mariées ont droit à l'appellation « Madame ». Il y a là une différence dont il ne faut pas se dissimuler la nature hiérarchique, puisque, jusqu'au XVIIIe siècle, le titre de Mademoiselle était donné aux femmes de la bourgeoisie et de la petite noblesse, celui de « Madame » étant réservé aux femmes titrées. Aujourd'hui, le terme « Madame » renvoie au statut social jugé avantageux de femme mariée, ce qui aboutit à connoter défavorablement le « Mademoiselle ».

L'usage de la civilité « Mademoiselle » pour toutes les femmes non mariées, quel que soit leur âge, est d'abord apparu discriminatoire et déplaisant lorsqu'elles étaient mères de famille, puisque cela renvoyait à un statut familial jugé à l'époque anormal et même humiliant. Entre 1970 et 1980, les mères célibataires obtinrent progressivement d'être appelées « Madame ». Pour les célibataires sans charge de famille, un approfondissement de la réflexion fut nécessaire pour démontrer que l'appellation « Mademoiselle » était une intrusion dans leur vie privée, parce qu'elle indique leur statut matrimonial aux tiers, et une discrimination puisque ce genre d'intrusion n'existe pas pour les hommes (Perochon, « Madame ou Mademoiselle ? » [indiscrétion ou discrimination], *Mélanges Colomer,* p. 351).

Dans le monde anglo-saxon, bien plus sensible que la France à ce type de discrimination, il y a déjà plus de vingt-cinq ans qu'est usité le terme de *Ms,* intermédiaire orthographique et phonétique entre *Miss* et *Mrs,* qui indique une personne du sexe féminin, sans prendre parti sur son statut matrimonial.

La langue française s'oriente vers une utilisation de Mademoiselle et de Madame en fonction de l'âge et des responsabilités, Mademoiselle correspondant à peu près au temps de la vie scolaire et étudiante, et Madame à celui de la vie active. Reste que les très jeunes mères ou certaines « vieilles jeunes filles » peuvent ne pas y trouver leur compte. Sans doute une partie de la solution du problème peut-elle être trouvée dans la volonté de l'intéressée, qui peut souhaiter être désignée par l'un ou l'autre vocable. Quoi qu'il en soit, à moins d'une réforme linguistique que l'on n'imagine d'ailleurs pas très bien, la dualité de termes ne peut que difficilement s'abstraire totalement de la référence sexiste au statut familial de la femme, tant il est vrai que c'est la structure même de la langue française qui est sexiste. Ce qui se vérifie particulièrement au regard des dénominations de concepts et de fonctions.

§ 2. *Le sexisme des dénominations de concepts et de fonctions*

La langue française ne connaît que deux genres : le masculin et le féminin. À la différence d'autres langues, elle ignore le genre neutre. Ce qui implique que toutes les choses et tous les concepts ont un genre sexué. S'y ajoute la circonstance aggravante qu'en cas de cumul ou de conflit, le genre masculin l'emporte (par ex. le navire et sa voile ont été répar*és*). Sans doute n'y a-t-il pas de correspondance réelle entre le genre des mots et le sexe des êtres humains. La table ou le mur sont de genres différents, mais n'évoquent nullement l'idée de sexe.

Pourtant, l'assimilation genre/sexe est une pente sur laquelle il est bien difficile de ne pas se laisser glisser, spécialement en matière d'idées ou de concepts. La Philosophie, la Politique, et même la Guerre seront représentées allégoriquement par des statues ou des peintures de femmes. L'anthropomorphisme gagne inéluctablement les concepts, et il devient extrêmement difficile de voir l'abstraction, par définition sans sexe, derrière le mot masculin ou féminin. L'idée de Dieu ou celle d'Homme, au sens de membre de la race humaine, sont de bons exemples de ce que le masculin de la dénomination a tendance à conférer un sexe au concept. De là à représenter Dieu sous la forme d'un vieillard à barbe blanche, il n'y a qu'un pas franchi dans l'iconographie européenne, du Moyen-Âge à nos jours.

Il est, dès lors, tout à fait logique que les féministes aient entrepris un travail de dénonciation de cette sexuation des concepts, aient fait remarquer que Dieu n'est ni homme ni femme, et que les droits de l'Homme appartiennent autant aux femmes qu'aux hommes.

Ce mouvement s'est effectué dans certains pays étrangers de façon plus offensive et plus efficace qu'en France. Il faut dire que d'autres langues s'y prêtent plus facilement : en allemand, par exemple, *Das Mensch*, neutre est l'Homme en général, et l'on peut construire *Menschenrecht* (Droit de l'Homme) qui n'a nulle connotation sexiste. Il en va de même des *Human Rights* anglo-saxons. Par contre, les substituts proposés en France au terme « Droits de l'Homme », à savoir « Droits de la Personne Humaine » ou « Droits de l'Individu » sont loin d'atteindre à l'universalité souhaitée, et demeurent de genres masculins ou féminins. Il faut probablement se résigner à ces glissements entre genre et sexe des mots, et remarquer que la masculinisation des concepts valorisés n'est pas si outrancière qu'il a parfois été dit : ainsi, Dieu est masculin, mais la Sainte Trinité (composée du Père, du Fils et du Saint-Esprit) est féminine.

Reste que ce mode de raisonnement ne peut valoir que pour des abstractions. Dès lors qu'il est question d'hommes et de femmes concrets, le genre indique nécessairement le sexe. S'il n'y a pas de sexisme dans le fait de dire, par exemple que certains médicaments doivent être prescrits par « un » médecin, homme ou femme indifféremment, il est plus reprochable de dire que « le médecin est venu » si ce médecin-là était de sexe féminin.

S'affrontent alors deux théories, deux visions du problème qui divisent les femmes et les féministes entre elles.

— Pour certaines, le refus de féminiser les noms de profession et de fonction est une manifestation de sexisme en ce qu'il tend à occulter le fait que ce sont des femmes qui exercent ces fonctions ou professions. Il faut donc résolument entreprendre une féminisation volontariste des expressions courantes. Après une première tentative en ce sens engagée dans les années 1980, le processus de féminisation a été relancé avec éclat récemment par les femmes ministres du gouvernement installé en 1997, qui ont imposé la féminisation de leur dénomination. Il est donc exigé de les désigner comme « Madame la Ministre », et de parler d'elles en disant « la Ministre... ».

Corrélativement, une circulaire du 6 mars 1998, émanant du Premier ministre, prescrit d'utiliser les féminins des noms de fonctions et de profession lorsqu'ils existent (la directrice, l'avocate), et relance la commission de terminologie chargée de rechercher, en particulier à l'étranger, les possibilités de féminiser les fonctions pour lesquelles le masculin seul existe actuellement. Ainsi devra-t-on peut-être prochainement dire « la professeure » ou « la docteure », comme au Québec.

— Mais ce mouvement fait l'objet de vives contestations émanant d'horizons fort variés, de l'Académie française aux femmes concernées. On fait d'abord valoir que l'usage du masculin quel que soit le sexe de celui qui occupe la fonction n'aurait pas pour sens d'indiquer qu'il s'agit d'une fonction masculine par essence, mais seulement d'une fonction dans laquelle le sexe est indifférent. On retrouve ici le débat souvent évoqué de l'égalité par l'identité ou par la différenciation. De fait, beaucoup de femmes préfèrent se désigner elles-mêmes comme « un magistrat » ou « un avocat », alors cependant que le féminin de ces professions existe et est usité, pour mettre entre parenthèses leur féminité dans l'exercice de leurs fonctions, et désamorcer ainsi les réactions sexistes.

Par ailleurs, le passé démontre que les désignations féminisées ont souvent été plus ou moins dévaluées. Il existe des féminins, tels doctoresse ou maîtresse, qui ne sont plus usités à raison de leur connotation devenue péjorative. Il ne viendrait à personne l'idée de dire « Madame la Maîtresse des Requêtes au Conseil d'État ». La Commission européenne signale le contre-exemple des « gendarmettes ». Est-il donc bien judicieux de créer des néologismes, tels « auteure », « ingénieure », ou de ressusciter des « notairesses » ? Ne doit-on pas craindre que, parfois, le ridicule renforce le sexisme ? Doit-on rejeter la distinction trouvée par la pratique entre Madame le Préfet, qui exerce ces délicates fonctions et Madame la Préfète, épouse du préfet et organisatrice de ses réception ? Sans doute dira-t-on que la vision de la Préfète et de ses réceptions appartient à un passé de sexisme révolu. Mais le fait de passer sous silence le rôle de l'épouse du préfet, si elle l'exerce, n'est-il pas une autre forme de sexisme ?

À n'en pas douter, rien n'est simple. Sans doute la langue française, depuis Richelieu, est-elle objet de législation. Il n'empêche que le code doit rencontrer l'usage et que la pertinence des résistances de la pratique doit être évaluée avant qu'elles ne fassent l'objet d'un ukase législatif. Il serait particulièrement lamentable et nuisible pour la cause de l'égalité des sexes que des désignations féminisées nouvelles soient imposées autoritairement avant de sombrer dans la dérision et l'impopularité.

La critique à l'égard de cette approche terminologique du problème se fera d'autant plus vive qu'il existe de nombreux autres domaines dans lesquels les formulations sexistes perdurent obstinément alors que leur suppression ne supposerait nul néologisme, mais seulement d'expurger des formulaires antédiluviens. Combien de livrets scolaires demandent encore la signature du « chef de famille », disparu, rappelons-le, depuis 1970 ? Combien d'autres, à peine moins obsolètes, exigent celle *du* « représentant légal » alors que, depuis la même date, l'enfant a en principe *deux* représentants légaux à égalité de droits et de devoirs ? Combien d'annonces d'emploi, au plus total mépris du code du travail et du code pénal, ne précisent pas que sont recherchés des candidat(e) s, voire comme le prescrit la Commission européenne, *des candidates et candidats* ayant telle formation ?

L'affrontement à cette dialectique inévitable de la spécificité féminine ou de l'Universel est aussi la trame des problèmes posés par le sexisme ou la parité des institutions politiques.

SECTION 2
L'égalité des sexes dans le monde politique

Comme le sexisme du langage, l'absence de parité politique est à la fois révélateur d'un état de fait, et aussi instrument de la perpétuation de ces inégalités. Un tour d'horizon de la situation actuelle et de ses racines historiques permettra d'apprécier les voies et moyens actuellement proposés pour asseoir la parité des sexes en politique.

§ 1. *L'inégalité historique des sexes dans les rouages politiques*

Comme il a été exposé dès l'introduction, l'existence historique de sociétés gouvernées par les femmes n'a jamais été prouvée. En tous cas, dans les sociétés du monde indo-européen qui sont à l'origine de la civilisation européenne, il paraît certain que le pouvoir politique fut confisqué, dès son apparition, par les hommes. Sans doute la situation de la femme était-elle fort différente d'une société antique à l'autre : autant certaines reines égyptiennes ont pu marquer l'histoire (on pense à Hatchepsout ou à Cléopâtre...), autant le rôle des femmes grecques était inexistant. Les structures de pouvoir du droit romain étaient également machistes.

Dans l'Ancien Droit français, la situation des femmes au regard du pouvoir subit des fluctuations. Certaines femmes, à certaines époques et dans certaines circonstances, purent être titulaires de fiefs ; les abbesses de certains monastères exerçaient une forme de pouvoir non négligeable dans la société de l'époque. Néanmoins, la résurrection, aux alentours de 1350, d'une soi-disant « loi salique » justifiant l'interdiction faite aux femmes de régner fut une manifestation exemplaire de la résurgence de l'incapacité politique des femmes. Globalement, à partir de la Renaissance, la capacité des femmes au plan politique se réduira comme au plan strictement juridique. Sans doute y eut-il en France plusieurs régentes, mais c'était bien faute de mieux et au nom de leur fils qu'elles régnaient.

Relevons, au passage, que certains pays voisins étaient beaucoup moins sexistes et qu'Elizabeth Ire au XVIe siècle, fut l'un des plus grands souverains de l'Histoire d'Angleterre.

Contrairement à ce que l'on aurait pu supposer, la Révolution Française n'eut aucun effet favorable sur la capacité politique des femmes. Absentes de toutes les instances de décision, toujours écartées de tous les rouages de la vie publique, elles n'eurent guère que le droit d'être décapitées, que ce soit comme aristocrates, nonnes ou contestataires. L'exécution d'Olympe de Gouges, auteur de la Déclaration des Droits des femmes, demeure emblématique d'une époque noire pour le féminisme.

Il n'y a malheureusement rien à dire sur l'évolution des droits politiques des femmes en France jusqu'au lendemain de la Seconde Guerre mondiale. Les américaines de l'État de Wyoming votaient depuis 1869, les Anglaises, les Polonaises et les Irlandaises depuis 1918, les Turques depuis 1924 mais les françaises demeuraient politiquement incapables. Le Front populaire, en 1936 avait nommé trois ministres (ou plutôt secrétaires d'État) femmes, mais elles ne pouvaient voter ! Et ceci alors que le suffrage avait été proclamé « universel » par la IIIe République. Il faut dire que les partis de droite ne souhaitaient pas émanciper les femmes, et que les partis de gauche craignaient que le vote des femmes, s'il leur était accordé, ne profite à la droite. Comme, de surcroît, le mouvement des suffragettes ne fut jamais très fort en France, il fallut attendre le 21 avril 1944 pour que le droit de vote fût reconnu aux françaises par le Général de Gaulle (qui engrangea ensuite les suffrages escomptés).

Une très longue tradition historique a donc éloigné les femmes du monde politique en France et ceci explique probablement au moins en partie un sidérant déficit de participation féminine aux instances politiques. En 1995, la France était au 65° rang mondial pour le taux de participation féminine aux assemblées parlementaires, avec un pourcentage de 6,4 %, bien loin derrière les pays scandinaves (40,4 % en Suède) mais aussi des pays tels l'Irak (10,8 %), le Bénin (7,8 %), sans parler de la Chine (21 %) ou du Viêt-nam (18,5 %). Si les élections de 1997 ont vu un redressement sensible de la situation, le taux de féminisation actuel de l'Assemblée nationale (mais pas du Sénat) n'est toujours que de 10,23 %, alors que le taux mondial est de 11,6 %. À quoi il faut ajouter la sous-représentation notoire des femmes dans les appareils ministériels, encore que la disproportion n'y soit pas, en règle générale, aussi énorme que dans les assemblées élues. Faut-il et peut-on corriger cet état de fait ?

§ 2. *La question de la parité des sexes dans les instances politiques*

Doit-on s'insurger contre l'inégalité de participation des deux sexes aux affaires politiques ? La réponse positive semble spontanément évidente. Une réflexion plus attentive amène à relativiser cette évidence.

D'abord, quelle serait l'utilité d'un rééquilibrage des sexes au sein du monde politique ? Serait-ce pour tenir compte des intérêts spécifiques des femmes ? ou pour accueillir leur manière particulière d'aborder les problèmes politiques ? D'un sens comme de l'autre, ce serait pour faire émerger la représentation d'une catégorie de personnes, en tant que représentants ou représentés.

Nous verrons plus loin les difficultés soulevées par cette vision.

Ensuite, dans un système électif où les femmes représentent largement plus de la moitié du corps électoral (ayant une longévité bien supérieure à celle des hommes), il faut supposer que leur sous-représentation résulte au moins pour partie de la façon dont elles ont exercé leur droit de vote. Modifier d'une façon ou d'une autre la composition des assemblées élues pour y introduire une véritable mixité revient nécessairement à influer sur les processus électifs, et ceci contre la volonté même des femmes !

On nous objectera que ces raisonnements pèchent par leur excès d'abstraction, qu'il est contraire au simple bon sens de ne pas reconnaître que femmes et hommes ont des besoins et des manières de les satisfaire différents, et qu'il faudrait être aveugle pour ne pas voir que la sous-représentation des femmes résulte d'un mauvais fonctionnement des processus électoraux, liés en particulier à un fonctionnement sexiste des partis politiques.

Il n'en reste pas moins que remédier à ces difficultés passe nécessairement par la remise en cause de deux principes cardinaux de notre droit constitutionnel. Il s'agit d'abord de l'universalité de corps électoral et plus largement du peuple français, qui ne connaît ni sections, ni divisions et dont chaque représentant est censé représenter non pas ceux qui l'ont élu, mais la France tout entière. Il s'agit, ensuite, de l'autonomie de fonctionnement des partis politiques, dans lequel les pouvoirs publics ne doivent pas s'immiscer, à peine de porter atteinte à la démocratie.

Comme en matière d'accès à l'emploi, où les limites admissibles des actions positives sont très vite atteintes, à peine d'être eux-mêmes condamnés comme discriminatoires, les procédés susceptibles de favoriser une meilleure répartition des responsabilités publiques entre les sexes s'avèrent, à l'étude, limités et dangereux.

En témoigne l'affaire douloureuse des « quotas ». En 1983, une loi votée à l'unanimité avait prévu le principe qu'aucune liste électorale dressée en vue des élections municipales ne pourrait comprendre plus de 75 % de candidats du même sexe. Elle fut déclarée anticonstitutionnelle par une décision du Conseil constitutionnel, du 18 novembre 1983, parce que contraire au principe universaliste qui interdit de considérer électeurs et éligibles en fonction de leurs qualités particulières.

C'est à la lumière de ces rappels qu'il faut apprécier le débat actuel relatif à la parité, relancé par la création d'un « Observatoire de la parité entre hommes et femmes » en octobre 1995. À la suite des travaux du groupe « parité et vie politique », il apparut certain d'une part que le rééquilibrage des sexes dans le monde politique apparaissait comme une mesure de justice nécessaire, et, d'autre part, qu'une révision de la Constitution était indispensable pour que le principe de parité y soit inscrit, faute de quoi toute initiative serait inéluctablement condamnée. Plusieurs femmes (G. Halimi, S. Agacinski) s'investirent dès lors dans cette lutte, à laquelle le Président de la République et le Premier ministre (pourtant en période de cohabitation) déclarèrent apporter leur soutien. Il est donc très fortement envisagé de procéder à une révision constitutionnelle afin d'inscrire dans la loi fondamentale de la République le principe de parité entre les sexes dans les institutions publiques.

Quelque sympathique que soit le projet, il soulève d'importantes difficultés et des réserves de principe.

Au plan des difficultés pratiques, il va de soi que la parité ne peut fonctionner, concrètement qu'avec des scrutins de liste. Il faudrait donc abandonner les scrutins uninominaux, ce qui serait un bouleversement des habitudes françaises, et pourrait induire de sérieux inconvénients en déstabilisant les majorités politiques. Les vicissitudes actuelles de certains conseils régionaux n'incitent guère à cette solution.

Au plan des principes, l'objection majeure est celle de la segmentation du corps électoral, à quoi l'on ajoute la crainte d'un phénomène de tache d'huile, les différentes catégories sociales revendiquant ensuite une représentation autonome. Ne risque-t-on pas de voir successivement les Français de telle ou telle confession religieuse, ou ceux d'origine étrangère, les personnes homosexuelles, les personnes âgées ou les jeunes revendiquer une représentation proportionnelle à leur nombre ? C'est alors la libanisation de la vie politique qui est à l'horizon !

À quoi les partisanes et partisans de la parité répondent qu'il ne s'agit nullement de scinder le corps électoral en « catégories » mais de reconnaître la nature duelle de l'humanité, irréductiblement homme et femme à la fois. Les femmes, pas plus que les hommes ne peuvent être considérés comme des « catégories » : ils « représentent les deux visages de l'humain » (S. Agasinski, *Politique des sexes*, p. 205). Seulement, jeunes et vieux, blancs et noirs, hétéro et homosexuels aussi représentent des visages différents de l'humanité. À quoi les tenants de la parité rétorquent que le clivage homme/femmes présenterait des caractéristiques particulières par son universalisme, que n'aurait aucune autre distinction. Reste que nombre de femmes éprouvent parfois d'autres clivages comme plus signifiants que celui du sexe. Ainsi, les femmes noires aux États-Unis se sentent bien plus opprimées en tant que noires qu'en tant que femmes. En Europe, les lesbiennes souffrent plus des discriminations envers les homosexuels que de celles à l'égard des femmes.

Surtout, peut-être, exiger une représentation paritaire homme/femmes n'a de sens que si l'on présuppose une différence dans la manière dont ils exerceraient les fonctions électives. Cela renvoie à l'idée d'une « nature féminine », dont tous les poncifs sont ressortis pour l'occasion : moindre volonté de puissance, meilleure attention à la vie concrète, etc. Cela nie, surtout, le postulat universaliste de notre démocratie puisque l'on destine les femmes élues à se préoccuper des « problèmes des femmes », ou à traiter les problèmes « en femmes ».

Un nombre non négligeable d'éminents spécialistes de droit constitutionnel, dont certains sont d'ailleurs des profess*eures*, ont attiré l'attention sur les graves dangers cette parité apparemment séduisante. Comme l'écrit excellemment Évelyne Pisier : « en séparant la cité en deux genres, la parité non seulement arrime les femmes à leur nature féminine mais occulte le pluralisme démocratique et fait perdre tout sens aux alternatives politiques », *in Des impasses de la parité*, Rapport public 1996 du Conseil d'État, p. 393.

***

L'observation des apories de la parité montre bien la difficulté de surmonter le problème fondamental de l'Universel qui a pris, en fait le visage du masculin. Vouloir y inclure visiblement la dualité des sexes lui fait perdre son essence d'Universalité. S'en tenir à une vision neutre qui n'est que théorique est une autre manière de trahir l'idéal de l'Universel. Cette difficulté traverse toute la question de l'égalité des sexes, et c'est sur elle que butent tous les efforts, programmes et réformes destinés à promouvoir l'égalité, que ce soit dans l'indifférenciation ou dans le respect des différences.

Alors, que faire ?

La manière dont nous avons posé le problème inclut la direction de sa réponse : sexuer l'Universel, c'est le faire disparaître. Il faut donc s'arrimer fermement sur cette égalité théorique, et tenter par tous les moyens de la faire passer dans la réalité.

Pour nous, cela veut d'abord dire être beaucoup plus rigoureux sur toutes les formes de tolérance des inégalités. Il est bon que la Cour de cassation ne tolère plus la répudiation, que les ménages polygamiques n'aient clairement plus droit de cité en France. Il est, par contre, tout à fait scandaleux que des annonces d'emploi sexistes perdurent en toute impunité, que des procédés incitatifs soient utilisés par les pouvoirs publics pour renvoyer les femmes dans leurs foyers. Il est inadmissible que les femmes mariées continuent à vivre sous un nom qui n'est pas le leur et à avoir des enfants qui ne peuvent pas porter leur nom.

Il faut, ensuite, que les femmes elles-mêmes prennent conscience que la dignité résultant de l'égalité a un prix, et qu'elles se rendent trop souvent complices de leur asservissement. C'est aux femmes elles-mêmes de manifester leur préférence pour la création de nouvelles crèches plutôt qu'à l'allocation parentale d'éducation, et d'assumer les conséquences de leurs choix. De même, il est clair que les partis politiques présenteront beaucoup plus de candidates lorsque cela attirera le vote des femmes. On ne peut leur reprocher de faire confiance de préférence aux hommes tant que les électrices elles-mêmes en feront autant. Rappelons que c'est sous la menace de la création d'un parti de femmes et de sa victoire aux élections que les partis politiques suédois sont devenus vraiment mixtes.

Mais l'égalité des sexes est surtout une culture, un état d'esprit. Et, selon nous, elle ne doit pas être dissociée des autres formes d'égalité. Racisme, sexisme, xénophobie, homophobie, exclusion, sont des formes diverses d'un même mal. Il n'y a pas d'inégalités plus supportables que d'autres, et un monde inégalitaire pour les uns ne peut être juste pour les autres. La similitude souvent observée dans les moyens utilisés pour parvenir à l'égalité — par exemple l'extension de l'adage « à travail égal salaire égal » — ne font que traduire au plan pratique une réalité ontologique : même s'il existe de multiples formes d'inégalités, il n'y a, il ne peut y avoir qu'une seule égalité des êtres humains. Chaque inégalité mérite, à l'évidence, d'être identifiée, individualisée et combattue par les moyens adaptés. Mais il serait fondamentalement discriminatoire d'en sacraliser une, par exemple le sexisme, en oubliant les autres. C'est d'ailleurs en quoi la consécration de la parité constitutionnelle pourrait s'avérer pernicieuse.

Reste que s'agissant de l'égalité des sexes, force est de reconnaître qu'elle est bien médiocrement exprimée par la Déclaration des Droits de l'Homme et du Citoyen : « *Les hommes naissent libres et égaux en droits...* ».

Lire aussi : AGACINSKI (S.), *Politique des sexes,* Le Seuil, 1998 ; Conseil d'État *Rapport public 1996* sur le principe d'égalité, coll. Études et documents, 1997 ; FAURÉ (Chr.) (sous la direction de), *Encyclopédie politique et historique des femmes,* P.U.F., 1997 ; HALIMI (G.), *La nouvelle cause des femmes,* Le Seuil, 1997 ; PEROCHON, « Madame ou Mademoiselle ? (indiscrétion ou discrimination) », *in Mélanges Colomer,* Litec, 1993, p. 351.

Index alphabétique

V

Dans la même collection

Accidents (les) de la circulation, par François Chabas
Adoption (l'), par Pascale Salvage-Gerest
Anthropologie juridique, par Jacques Vanderlinden
Appellation d'origine et indication de provenance, par Dominique Denis
Arbitrage (l'), par Christian Gavalda et Claude Lucas de Leyssac
Assurance (l') automobile, par Georges Durry
Baux (les) commerciaux, par Jean Derruppé
Baux (les) d'habitation, par François Collart Dutilleul
Cabinets (les) ministériels, par Olivier Schrameck
Cartes (les) de paiement et de crédit, par Christian Gavalda
Cautionnement (le), par Laurent Aynès
Code (le) civil, par Jean-Louis Halpérin
Commune (la), par Jean-Claude Douence
Comptabilités et pratiques comptables, par Jacques Richard
Conseil (le) constitutionnel, par Henry Roussillon
Constitution française (la). Propos pour un débat, par Bernard Chantebout
Contentieux (le) administratif, par Jacques Viguier
Contrat (le), par Jean-Luc Aubert
Contrat (le) d'assurance, par Hubert Groutel
Contrat (le) en droit américain, par Alain A. Levasseur
Contrat (le) d'entreprise, par Philippe Delebecque

Contrat (le) international, par Jean-Michel Jacquet
Contrat (le) de mandat, par Philippe Pétel
Contrat (le) de transport,
par Martine Rèmond-Gouilloud
Contrat (le) de travail, par François Gaudu
Contrats (les) administratifs, par Laurent Richer
Contrats (les) informatiques, par Philippe le Tourneau
Conventions (les) et accords collectifs de travail,
par Paul-Henri Antonmattei
Copropriété (la) immobilière, par Christian Atias
Cour (la) européenne des droits de l'homme,
par Jean-Pierre Marguénaud
Déontologie (la) de l'avocat, par Jean-Jacques Taisne
Déontologie des fonctions publiques,
par Christian Vigouroux
Directive (la) européenne, par Denys Simon
Divorce (le), par Patrick Courbe
Domaines public et privé des personnes publiques,
par Yves Brard
Droit (le), par Philippe Jestaz
Droit (le) administratif, par Pierre Delvolvé
Droit bancaire. L'activité bancaire,
par Jean-Pierre Deschanel
Droit bancaire. L'institution bancaire,
par Jean-Pierre Deschanel
Droit (le) des brevets, par Michel Vivant
Droit (le) commercial, par Paul Didier
Droit (le) des étrangers, par Xavier Vandendriessche

Droit (le) européen des affaires,
par Louis Vogel et Joseph Vogel

Droit (le) français de la concurrence, par Yves Serra

Droit (le) international public, par Michel Lascombe

Droit de la langue française,
par Jean-Marie Pontier

Droit (le) des marques, par Joanna Schmidt-Szalewski

Droit des médias, par Emmanuel Derieux

Droit (le) musulman, par François-Paul Blanc

Droit des organisations internationales,
par Daniel Dormoy

Droit (le) du sport, par Jean-Pierre Karaquillo

Droit (le) du travail. Une technique réversible,
par Gérard Lyon-Caen

Droits (les) de l'enfant, par Florence Laroche-Gisserot

Droits (les) de l'homme, par Patrick Wachsmann

Égalité (l') des sexes, par Françoise Dekeuwer-Défossez

État (l') fédéral, par Claude Leclercq

Filiation (la), par Jean Hauser

Finances (les) publiques, par Michel Lascombe
et Xavier Vandendriessche

Fiscalité (la) française, par Patrick Serlooten

Fonction (la) publique, par Jean-François Lachaume

Fonction (la) publique territoriale,
par Olivier Schrameck

Fonds (le) de commerce, par Jean Derruppé

Grève (la), par Bernard Teyssié

Groupements (les) civils, par Yves Chartier

Histoire du droit français de la famille,
par Romuald Szramkiewicz

Impôt (l'), par Jean Schmidt

Indivision (l'), par François Xavier Testu

Institutions politiques de la France,
par Yves Madiot

Introduction au droit douanier,
par Claude J. Berr et Henri Trémeau

Juge (le) d'instruction, par Jean Pradel

Justice (la) constitutionnelle dans le monde,
par Michel Fromont

Laïcité (la), par Claude Durand-Prinborgne

Libertés (les) de communication,
par Jacques Georgel

Licenciement (le), par Antoine Jeammaud

Loi (la), par Bertrand Mathieu

Nouveau (le) droit de la nationalité,
par Patrick Courbe

Nouveau (le) droit pénal, par Georges Vermelle

Permis (le) de construire,
par Jacqueline Morand-Deviller

Philosophie du droit,
par Benoît Frydman et Guy Haarscher

Prévoyance (la), par Gérard Lyon-Caen

Principes (les) de la responsabilité civile,
par Patrice Jourdain

Principes (les) de l'urbanisme, par Hubert Charles

Procès (le) civil, par Hervé Croze

Propriété (la), par Jean-Louis Bergel

Propriété littéraire et artistique, par André Lucas

Protection (la) des consommateurs,
par Didier Ferrier

Protection (la) des libertés en France,
par Patrice Rolland

Régime (le) parlementaire, par Dominique Turpin

Régimes (les) matrimoniaux, par Didier R. Martin

Réparation (la) du préjudice, par Yves Chartier

République (la) en France, par Jean-Marie Pontier

Responsabilité (la) de l'administration,
par Gilles Darcy

Responsabilité (la) des communes,
par Francis Chauvin

Responsabilité des constructeurs (la),
par Hugues Périnet-Marquet

Responsabilité (la) du médecin, par Jean Penneau

Responsabilité (la) politique,
par Christian Bidégaray et Claude Emeri

Responsabilité (la) des vendeurs et fabricants,
par Philippe le Tourneau

Service (le) public, par Pierre Esplugas

Société (la) anonyme, par Yves Guyon

Société (la) à responsabilité limitée,
par Yves Chaput

Terrorisme (le), par Yves Mayaud

Vente (la) d'immeubles, par Jean-Claude Groslière

Vente (la) de marchandises, par Guy Raymond

PHOTOCOMPOSITION : S.A.R.L. SAINT-CYR COMPO - CAHORS (LOT)

Achevé d'imprimer sur les presses de l'imprimerie
Arts Graphiques du Perche - 28240 Meaucé

Dépôt légal Septembre 1998
Imprimé en France

703262/01 BAB-Z 70g CYR

981420